KB090939

아이의 생각이 쑥쑥 자라는

하브루타
부모 교육

글라이더

아이의 생각이 쑥쑥 자라는

하브루타 부모 교육

초판 1쇄 발행 2019년 7월 30일

지은이 이규정
펴낸곳 글라이더 **펴낸이** 박정화
등록 2012년 3월 28일 (제2012-000066호)
주소 경기도 고양시 덕양구 화중로 130번길 14(아성프라자 601호)
전화 070)4685-5799 **팩스** 0303)0949-5799 **전자우편** gliderbooks@hanmail.net
블로그 http://gliderbook.blog.me/
ISBN 979-11-7041-002-7 03590

이 도서의 국립중앙도서관 출판예정도서목록(CIP)은 서지정보유통지원시스템
홈페이지(http://seoji.nl.go.kr)와 국가자료공동목록시스템(http://www.nl.go.kr/
kolisnet)에서 이용하실 수 있습니다.(CIP제어번호: CIP2019026019)

글라이더는 독자 여러분의 참신한 아이디어와 원고를 설레는 마음으로 기다리고 있습니다.
gliderbooks@hanmail.net 으로 기획의도와 개요를 보내 주세요. 꿈은 이루어집니다.

아이의 생각이 쑥쑥 자라는

하브루타
부모 교육

이규정 지음

글라이더

HAVRUTA

서로 짝을 지어 질문과 대화를 통해 토론하고 논쟁하는 유대인 전통의 학습 방식인 하브루타(Havruta)를 우연히 접한 나는 깊이 빠져들어 관련서적을 모조리 찾아 읽고 공부했다. 가장 아쉬웠던 점은 바로 우리 실정에 맞는 실천 가이드가 거의 없다는 사실이다. 대부분 강사, 교사들을 위한 책들이며, 그조차도 어려워서 쉽게 접근할 수 없었다. 왜 이렇게 어렵게 책을 만들었을까? 하브루타는 이론이 아니고 대화와 토론을 하는 실천 교육이다. 대화와 토론을 배우기 위해 책을 산 사람들에게 주입식 교육과 같은 어려운 이론들을 만들어서 알려주고 있다. 너무 안타까웠다.

하브루타는 짝과 대화하고 토론하는 교육이다. 즉 어떠한 교과서나, 독특한 교육 방법보다도 관계지향적인 교육이다. 예를 들어서 부모가 아무리 하브루타를 하고 싶어 해도 자녀가 부모를 거부

한다면 할 수 없는 교육이다. 하브루타를 하려는 짝이 나의 이야기를 무시하고 싫어한다면 그 짝과 어떠한 말도 하고 싶지 않다. 또 짝이 일방적으로 자신의 이야기만 한다면 이야기하고 싶지 않다. 서로의 이야기를 경청하고 존중하고 신뢰하는 것에서부터 하브루타는 출발한다. 내가 말만 하면 나를 무시하는 사람과 어떤 대화와 토론을 하고 싶은가? 하브루타에서 가장 중요한 것은 바로 관계다.

아이들의 교육, 특히 가정교육에 있어서 가장 중요한 것은 바로 관계다. 이것을 아주 자신 있게 말할 수 있는 것은 나의 과거의 경험 때문이다. 나는 초등학교 3학년 때까지 반에서 꼴찌를 도맡았다. 시험에 대한 개념도 없고, 공부에 대한 개념도 없었다. 그런데 초등학교 4학년이 되면서 우리 반에 특별한 담임 선생님이 오셨다. 이 선생님은 그간 선생님들과는 달리 아이들을 차별하지도 않고 한명 한명을 존중해주셨다. 나의 뇌는 그때부터 열리기 시작했다. 매번 꼴찌를 도맡아 하던 나의 성적이 순식간에 10등 안에 올랐다. 이때 나는 집에서 선생님에게 잘 보이기 위해서 열심히 공부하고, 발표도 열심히 준비했다. 되돌아보면 그때처럼 행복했던 기억이 없다. 이 선생님과의 인연으로 나는 공부에 대한 개념, 의욕, 친구들과의 관계 등 정말 많은 것을 보고 알게 되었다. 그리고 중학교 시절 반에서 5등 안에 드는 우등생이 되었다. 지금껏 부모조차 해주지 않던 단 한 사람으로서의 인정을 담임 선생님이 해주신 것이다.

만일 내가 그때의 담임 선생님을 못 만났다면 어떤 일이 일어났을까? 만일 나를 인정해 준 선생님이 바로 나의 부모님이었다면 어떤 일이 일어났을까?

아이들에게 가장 필요한 것은 학원을 몇 개 더 보내는 것이 아니라 지금 부모와의 관계가 어떤지 먼저 살펴야 한다. 그래야 성적도 잡을 수 있는 것이다.

아이들과 대화를 할 준비가 되어있다는 것, 아이의 의견을 들어준다는 것은 아이를 존중해주고 인정해주는 작업이다. 그러기에 하브루타는 지금의 우리 아이들에게 매우 필요한 교육이다. 나는 부모님들이 하브루타를 어떠한 방법적인 면에서 접근하기보다는 자녀와의 관계를 되돌아보는데 더 중점을 두었으면 하는 바람에서 이책을 썼다. 그래서 대화에 관련된 가장 기본적인 것들, 또 대화에 가장 필요한 공감, 대화하는 방법 등을 집중적으로 다뤘다. 그리고 부모님들이 하는 말투와 자주 하는 질문들은 어떤 것들이 있는지 생각해보고 아이들에게 창의적인 생각을 할 수 있는 질문들을 어떻게 만드는지 풀어놓았다.

긍정적인 아이들과 부정적인 아이들의 차이는 대화 단절에서부터 시작한다. 부정적인 아이들의 대부분은 부모와의 이야기를 거부한다. 그 이유는 간단하다. 부모가 늘 자녀와의 대화를 무시하거나 거부했기 때문이다.

대화란 무엇인가? 과연 부모가 자녀를 앉혀 놓고 말하는 것이 대화인가? 부모가 이야기할 때 자녀는 듣고만 있는 것이 대화인가? 부모 혼자만 이야기하는 것이 아니라 자녀도 반대 의견을 낼 수 있는 것이 바로 대화다. 많은 부모가 대화를 대수롭지 않게 생각하는데 관계 지향적 교육에서 대화는 굉장히 중요하다. 대화를 제대로 연결해나갈 능력이 없다는 것은 하브루타를 할 수 없다는 것과 같기 때문이다. 반대로 대화를 잘 이끌어 나간다면 아이가 행복해지고, 가정에 평화가 오고, 또 그 관계로 아이에게 교육까지 가능하다. 이게 바로 하브루타다. 이런 긍정적인 관계에서 교육할 때 자녀들의 지적 능력과 정신적 수준이 폭발적으로 증가할 수 있다는 것을 반드시 기억하자. 이 책을 읽고 부모님들께서 자녀들과의 긍정적인 관계를 유지하고 그 관계 안에서 활발한 하브루타를 할 수 있기를 바란다.

2019년 7월
이규정

차례

3장_ 하브루타의 종류

4장_ 하브루타의 꽃 질문 코칭

아이의 생각이 쑥쑥 자라는 하브루타 부모 교육

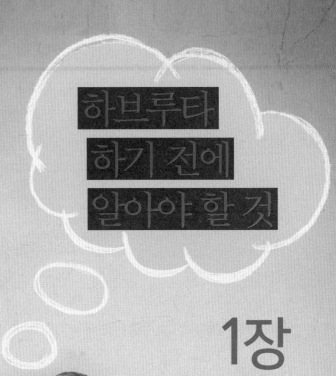

하브루타
하기 전에
알아야 할 것

1장

1
최고의 교육 하브루타

한 개를 가르치면 열 개를 아는 교육 하브루타

하브루타는 짝과 대화하는 교육이다. 그 짝이 가족이든 친구든 상관없다. 이야기할 수 있는 상대만 있으면 언제 어디서든 할 수 있는 교육이 바로 하브루타. 많은 전문가들이 하브루타가 좋은 이유를 유대인들의 사회적 성공으로 이야기하고 있다. 세계 인구의 0.25%밖에 안 되는 유대인들이 노벨상 30%를 받았고, 하버드 대학의 30%를 차지하고 있으며, 기업가, 법률가, 예술가, 금융가에서 유대인을 빼놓고 설명할 수 없다. 집단적으로 세계를 지배하는 그들의 교육법이 하브루타라고 말한다.

하브루타가 단연 최고의 교육이라고 말할 수 있는 이유는 바로 확장성 때문이다. 하브루타의 특징 중 하나는 외우는 교육과는 다

아이의 생각이 쑥쑥 자라는 하브루타 부모 교육

르게 꼬리에 꼬리를 물어 질문한다. 아이들에게 1개를 질문하면 10개 그 이상을 기억하고 생각하게 만드는 교육이다. 아이에게 흥미로운 질문 하나에서 계속 꼬리를 무는 질문으로 아이가 생각하고 또 생각하게 만들면서 지적 희열을 느끼게 만드는 것이다. 또한 이 확장성 때문에 아이들에게 배경지식을 자연스럽고 폭넓게 알려줄 수 있다는 것이다. 배경지식의 중요성은 《그물망 공부법》(조승연 지음)이라는 책에서 아주 잘 설명되어 있다. 지금의 시대는 '토탈 인텔리'를 원하는 4차산업혁명 시대이다. 그러기에 우리 아이들에게 어릴 적부터 어떤 교육을 시키는지가 가장 중요한데 그 중요한 교육이 바로 배경지식을 쌓는 교육이다. 유대인들이 자녀들에게 하는 교육 또한 '토탈 인텔리'는 키우는 교육이며 이들이 어릴 적부터 쌓아온 수많은 배경지식으로 자녀들을 세계 최고로 만들고 있다는 것을 우리는 알 수 있다. 이것이 바로 확장성이다.

확장성을 자세히 설명하자면 하나의 사물에서 다양한 생각과 개념, 사물의 원리 등을 가지를 쳐나가면서 확장해 나가는 것이다. 예를 들어서 포도라는 하나의 과일에서 이 포도가 많이 나는 곳은 어디며 세계의 어느 지점에서 어떤 포도가 유명하고, 또 포도로 만든 다양한 제품들은 어떤 것들이 있는지 아이들과 알아보는 것이다. 그리고 포도주가 생산되는 각 지역마다 어떤 특징이 있는지 확장에 확장을 더하는 것이다. 즉 하나를 배우면 그 자리에서 10~20개 이상의 상식과 배경지식을 고스란히 아이에게 알려줄 수 있는 것이다.

교과서에 나오는 딱딱한 내용을 배우는 것과 부모의 따뜻한 대화 속에서 알게 되는 많은 상식과 교훈들은 비교할 수 없을 정도로 차이가 크게 난다. 아이들과 대화하면서 하는 교육이기에 아이들에게 거부반응도 적고, 아이가 쉽게 이해할 수 있도록 간단하게 설명해주는 것 또한 장점이다. 우리가 책 한 권을 몇 시간에 걸쳐서 읽는 것보다 그 책을 10~20분 정도 요약해서 설명해 주는 것이 더 집중할 수 있고 요점이 확 머릿속에 들어오는 것과 같은 이치다. 간단한 대화로 아이들에게 엄청나게 방대한 지식과 교훈을 전달할 수 있다. 또 그 내용에 대한 자녀들의 생각과 마음을 알 수 있기 때문에 하브루타를 잘한다는 것은 정말 엄청난 무기가 아닐 수 없는 것이다.

말문이 트이는 교육 하브루타

하브루타의 2번째 장점으로 꼽을 수 있는 것은 바로 아이에게 표현의 기회를 많이 준다는 것이다. 하브루타는 짝과 대화하는 교육이다. 짝과 대화하는 이유는 바로 아이에게 발언권을 가장 많이 줄수 있기 때문이다. 3~5명 조를 짜서 이야기하게 되면 그중에는 참가하지 않는 아이들이 생긴다. 또는 힘이 있는 아이들만 발표하고그들의 생각을 밀어붙이는 일이 생긴다. 그러나 짝과 대화하는 것은 그만큼 발언권을 많이 가져감으로써 참여하지 않는 사람이 없을 수밖에 없다. 그리고 아이들은 스스로 말하고 생각하고 행동할 때 더 흥미롭고 재밌으며 더 많이 알고 싶다. 즉 아이들의 참여율도 높이면서 아이들의 교육열을 가장 많이 끌어 올릴 수 있는 교육법이다.

우리나라 속담에 빈 수레가 요란하다는 말이 있다. 그러나《유대인 엄마는 장난감을 사지 않는다》(곽은경 지음)에서 빈 수레가 요란하기라도 해야 사람들의 주목을 받을 수 있다고 말한다. 시끄럽게 떠들기라도 해야 자신의 존재를 알릴 수 있다고 말이다. 그래야 빈 수레에 짐을 싣고 갈 수 있는 확률도 높아진다고 말이다. 정말 맞는 말이다. 빈 수레가 가만히 있으면 사람들의 시선에서 멀어지고 나중에는 버려지게 된다. 그런데 자신이 계속 비어있다는 것을 알리는 수레는 다르다. 요란함이라도 자신을 알리는 수레는 버려지는 것보다는 다른 일에 쓰일 가능성이 커지기 때문이다. 우리 인간관계의 한 단면을 보여주고 있다는 생각이 든다. 우리 아이들에게 조용히 하고 있으라고 말하기보다 자신을 표현하라고 가르쳐야 하는 이유가 바로 여기 있다.

누구나 쉽고 즐겁게 시작하는 하브루타

하브루타는 누구나 할 수 있다. 하고자 마음만 먹는다면 누구나 할 수 있는 것이 하브루타다. 책에서 나오는 내용처럼 어려워서 몇 장 읽었는데 졸음만 쏟아지는 그런 교육이 아니다. 일상생활부터 동화, 명화, 교과서 등 다양한 이야기를 해주면서 얼마든지 아이와 재밌는 생각을 주고받을 수 있다. 처음부터 어려운 소재를 가지고 할 필요 없다. 그냥 재밌는 그림이나 동화책으로 먼저 시작해도 된다. 아니면 아이들이 좋아하는 애니메이션을 같이 보면서 해도 된다. 하브루타는 어떠한 한계도 없고 고정된 방법도 없다. 부모와 아이가 이야기하면서 주고받는 내용이 아이의 흥미를 끌고, 부모와 대화하는 것이 즐겁다고 느낄 수 있게끔 하면서 시작하면 된다. 아이와 하브루타를 하고 싶다면 지금 당장 자녀가 가장 좋아하는 애니메이션을 같이 보면서 캐릭터의 이름과 특징을 하나씩 물어보자. 엄마가 자신이 좋아하는 것에 관심을 보이는 것만으로도 아이는 신이 나서 떠들 것이다. 하브루타는 여기서부터 시작이다.

하브루타는 쉽다. 아이가 즐거워할 수 있는 소재를 가지고 아주 간단하고 쉬운 것부터 시작한다. 아이에게 쉽고 재밌는 것부터 시작해서 책을 즐거워하고 배우는 기쁨을 느낄 수 있게 해주는 것이다. 즉 하브루타는 놀이를 교육으로, 교육을 놀이로 가능하게 한다. 부모의 재밌는 입담이나 이야기로 아이의 흥미를 끌고, 일상의 모든 것을 소재로 가져와 아이와 이야기할 수 있기 때문이다. 또 관련 지식을 꼬리에 꼬리를 물어 확장해 나가면서 아주 재밌게 교육을 할 수 있다. 예를 들어 책을 읽고 이야기하다가 재밌는 생각을 스케치하기도 하고, 그림을 그리고 만들기도 하면서 책에만 국한되지 않고 다양한 활동으로 확장하는 것이다.

아이의 생각이 쑥쑥 자라는 하브루타 부모 교육

교과서에 없는 인생 공부의 원천이 되는 하브루타

하브루타의 가장 큰 장점 중에 하나는 바로 대화 교육이기 때문에 언제 어디서든지 할 수 있다는 것이다. 책이나 교과서 같은 것이 없이도 교육이 가능하다는 것이다. 우리가 세상을 살면서 교과서에서는 배울 수 없는 것들이 매우 많다. 인생을 어떻게 살아야 하는지, 사랑은 어떻게 하는 것인지, 친구들과 연인에게는 어떻게 대해야 하는지, 성공하기 위해서 나를 어떻게 관리해야 하는지 등등 우리는 아주 사소한 것부터 중요한 것까지 교과서에서 배울 수 없는 것들이 너무 많다. 그러나 한국인들의 대부분은 아이가 대학을 위한 또는 취업을 위한 공부만으로 부모가 가르쳐야 할 공부는 끝났다고 생각한다.

그런데 삶이 그렇게 단순한가? 오히려 이런 인생 공부가 대학교를 위한 공부보다 더 중요하다. 자신의 인생을 어떻게 살아야 할지, 자신의 장점은 뭐고 어떤 방식으로 어떻게 돈을 벌면서 자신의 인생을 꾸려갈지 부모와 이야기하고 생각하면서 자란 아이들은 대학에 들어가면서 그들의 진짜 인생이 시작된다. 그런데 대부분의 많은 한국의 아이들은 대학교 들어가기 전에는 입시에 시달리고 정작 인생에 있어서 가장 중요한 것들은 대학교 들어가서 생각하게 된다. 그러니 대학교 때 방황 아닌 방황을 하면서 시간을 보내게 된다. 같은 시기에 유대인 아이들은 사회에 나가기 전에 가정에서 필요한 모든 준비를 마치고 대학을 간다. 그래서 그들은 어린 나이임에도 세계 최고에 드는 부자가 되고 성공하는 것이다.

하브루타는 대화로서 아이에게 인생에 필요한 이야기를 공유하고 해답을 찾아갈 수 있도록 도와줄 수 있다. 우리가 교과서에 없다는 이유로 소홀히 여겼던 많은 것들, 삶의 지혜와 살아가는 방식, 대처법, 문학, 철학 등을 아이와 대화하면서 간접적으로 경험시켜 줄 수 있고 또 가르쳐줄 수 있다. '인간으로서 어떻게 살아야 하는지', '나는 어떤 일을 하면서 사회에 공헌할 것인지', '세계는 어떻게 돌아가는지'에 대해서 부모와 대화하는 것만큼 더 큰 교육이 어디 있을까? 부모와 이런 대화를 하면서 자라는 아이의 의식 수준이 강요하는 주입식 교육만 받고 자란 아이의 의식 수준과 비교할 수 없을 것이다. 이것은 아이들에게 있어서 세상이라는 전쟁에서 승리할 수 있는 최첨단 무기를 손에 쥐여주는 것과 같다.

◆ **아이와 토론할 수 있는 질문들**
- 너는 어떤 사람이 되고 싶니?
- 네가 좋아하는 직업, 사람은 누구니?
- 너는 커서 어떤 일을 하고 싶니?
- 그 일을 하고 싶은 이유는 무엇이니?
- 너는 어떤 것을 할 때 가장 기분이 좋으니?
- 너는 어떤 말을 들을 때 가장 행복하니?
- 너는 다른 사람에게 어떻게 영향력을 끼치는 사람이 되고 싶니?

- 우리가 너를 도와줄 수 있는 것은 어떤 것들이 있니?
- 네가 원하는 것을 하기 위해서 지금부터 무엇을 준비하면 좋을까?
- 네가 무엇을 가장 잘한다고 생각하니?
- 너는 너의 재능을 어디에 어떻게 사용하고 싶니?
- 너도 행복하면서 다른 사람도 같이 행복할 수 있는 일들은 어떤 것들이 있을까?

위 질문들을 가지고 아이와 간단하게 대화해보자. 바로 이런 것을 묻고 대화하고 토론하는 것이 바로 하브루타다. 왜 우리는 모든 교육법을 성적과 같이 연결하는 것일까? 몇 번 해봤는데 성적이 오르지 않는다면 다른 방법을 찾는다. 그런데 우리 아이에게 공부보다 더 중요한 것은 그 아이가 자신의 미래를 어떻게 생각하고 준비해 나갈지 고민하는 시간이다. 자신의 장단점이 무엇인지 생각하고 그 장점을 가지고 어떻게 세상에 도움을 주면서 살아갈 것인지를 고민하는 시간이다. 이것을 부모와 같이 대화하면서 방향을 찾아간다면 아이는 더욱 빨리 힘있게 자신의 길을 찾아갈 것이다. 이것이 지혜이며 이런 지혜는 생각하지 않고, 고민해보지 않는 사람에게는 찾아오지 않는다.

메타인지 능력을 최고로 높여주는 하브루타

하브루타는 메타인지 능력을 키우는 아주 효과적인 방법이다. 메타인지란 자신이 정확히 알고 있는 것과 모르는 것을 구분할 줄 아는 능력이다. 이런 능력을 키우는 데는 말하는 것이 최고의 방법이다. 하브루타의 의견을 나누고 질문하는 것은 이 메타인지 능력을 최고로 높여준다.

중학교 때의 일이다. 수학 시간에 선생님처럼 앞에 나와서 친구들에게 설명해주는 수업을 진행한 적이 있었다. 그 때 아이들과 나는 매일 전과에서 베끼던 수학 문제를 문제 풀이까지 정확히 알아야만 했다. 그렇지 않고서는 설명이 불가능하기 때문이다. 나는 그냥 풀 수 있는 문제였지만 집에 와서 아이들에게 어떻게 설명해야 할지 고민하고 수업 직전까지 계속 되뇌었다. 그렇게 수업을 몇 달간 진행한 덕분인지 나는 집에서 평소에 하지 않던 방법으로 공부를 하기 시작했다. 내가 알고 있는 문제는 건너뛰고 모르는 문제만 정확히 찾아서 내가 왜 틀렸는지 연구하기 시작한 것이다. 그전까지는 내가 알고 있는 것과 모르는 것의 확실한 데이터가 없었기 때문에 늘 불안했고 그래서 알고 있는 것도 여러 번 반복하는 일이 많았다. 그런데 그렇게 공부를 시작하고 얼마 안 되어서 수학 만점을 맞았다. 수학 점수만 전교 1등을 한 것이다.

그때는 내가 왜 그렇게 점수를 잘 받았는지 몰랐다. 지금 생각해보면 내가 말하는 수업을 진행하면서 내가 알고 있는 것과 모르는 것을 정확히 가려내고 그것 중에서 중요한 것만 집중적으로 공

아이의 생각이 쑥쑥 자라는 하브루타 부모 교육

부했기 때문이었다. 이것이 바로 메타인지 능력이다. 이 메타인지 능력은 바로 내가 말하면서 확인해야만 가능한 능력이다. 그렇지 않다면 모르는 것도 알고 있는 것으로 착각하고 넘어가는 것이 많다. 특히 인간은 익숙하게 듣는 단어를 제대로 알지 못하는데도 알고 있는 것으로 착각하는 경우가 매우 많다. 그래서 막상 시험을 볼 때 '어디서 본 문젠데' 하면서 생각이 나지 않고 머릿속에서 가물가물한 이유가 바로 그것이다. 은연중에 우리는 이렇게 넘어가면서 사는 것들이 아주 많다. 그런데 이것을 잡아줄 수 있는 것이 바로 하브루타다.

하브루타의 특징은 말하는 교육이다. 말하면서 하는 교육이기 때문에 아이는 자신이 모르는 것과 아는 것을 빨리 확인할 수 있다. 유대인 속담에 '말을 하지 않는 아이는 배울 수 없다'라는 속담이 있다. 즉 말을 많이 할수록 더 빨리 더 많이 배운다는 뜻이다. 이 말인즉슨 내가 모르는 것과 아는 것을 빨리 구별해서 모르는 것은 상대방에게 배우고, 부족한 것은 따로 또 공부할 수 있다는 것을 의미한다. 어설프게 알면서 알고 있다고 착각하지 않는다는 것이다. 이렇게 공부하는 것은 아이들의 성적을 더욱 올려주는 아주 뛰어난 방법이다.

존중과 경청의 교육, 하브루타
나는 부모 교육에 온 부모님들에게 하브루타를 존중과 경청의 교육이라고 설명하고 있다. 존중과 경청이 빠진 교육은 하브루타가 아니다. 하브루타의 가장 좋은 점이 바로 이점이다. 상대방의 이야기를 경청하지 않고서 대화와 토론을 이어갈 수 없기 때문이다. 또한 상대방과 나의 다른 점을 인정하고 각 개인이 서로의 존재를 존중하지 않고서는 어떠한 대화도 오래 지속할 수 없기 때문이다. 하브루타는 단 몇 번으로 효과를 거둘 수 있는 교육이 아니다. 오랫동안 끊임없이 대화하고 토론하면서 얻어지는 값진 결과이다. 그렇기 때문에 아이와 오래 깊이 대화하고 토론하기 위해서는 아이를 존중하지 않을 수 없다. 아이를 존중하지 않고 무시하는 순간부터 아이는 입을 열지 않기 때문이다.

"모든 아이의 내면에는 사랑으로 채워지길 기다리는 '정서탱크'가 있다. 아이가 진정으로 사랑받고 있다고 느낄 때 그 아이는 정상적으로 성장하지만, 그 사랑의 탱크가 비어있을 때 그 아이는 그릇된 행동을 하게 된다. 수많은 아이들의 탈선은 빈 '사랑의 탱크'가 채워지길 갈망하는 데서 비롯된다."

- 《5가지 사랑의 언어》(게리체프먼 지음) 27쪽 참조

여기서 말하는 이 사랑의 탱크는 자신이 필요한 사람이라고 느끼게 해주는 사랑, 인정의 욕구다. 이런 욕구가 아이들에게는 그 어떤 것보다 중요하다. 이런 애정을 받고 자란 아이는 건강하고 사회적으로 책임감 있는 아이로 자란다. 그러나 애정이 결핍된 아이들

아이의 생각이 쑥쑥 자라는 **하브루타 부모 교육**

은 정서적으로 사회적으로 문제를 겪게 된다. 이것은 어쩌면 당연하다. 가정불화가 심한 가정의 아이가 탈선할 확률이 높은 것은 바로 이 때문이다. 부모로부터 채우지 못하는 사랑을 밖에서 나쁜 친구들을 사귀면서 채우려 하기 때문이다.

자녀가 필요로 할 때 말을 들어주고 같이 의견을 내고 토론하는 것으로 아이는 부모로부터 인정받고 사랑받는다고 느낀다. 그래서 하브루타는 사춘기 아이들에게 가장 필요한 교육이다. 지금 한국의 청소년들은 어른들과 대화하기 싫어서 알아듣지도 못하는 신조어들을 만들어 내고 있을 정도니, 우리 가정에 대화가 얼마나 시급한지를 알 수 있다. 자녀가 어리기 때문에 판단력이 떨어지고, 말도 서툴고 논리도 엉망인 것은 너무나 당연하다. 부모가 우리 아이들이 가진 다양한 재능과 능력을 알지 못하는 것은 어쩌면 당연하다. 그러나 농부가 당근 씨앗을 심을 때 그 씨앗이 아무리 작아도 당근이 되는 것을 의심하지 않는다. 우리 부모도 우리 아이들이 커서 자신만의 개성을 가지고 세상을 잘 살아갈 것을 의심하면 안 된다. 그것이 그 아이를 인정하고 존중하는 방법의 하나다. 우리 아이들이 커서 꿈을 가지고 힘차게 또 자신감 넘치게 살아가는 모습을 생각하면서 아이를 믿고 이야기를 들어주는 것이 지금 가장 필요한 교육이다. 하브루타를 통해서 우리들이 얻어야 할 것은 바로 이것이다.

2
하브루타를
어려워하는 이유

하브루타는 습관의 교육이다

하브루타는 짝과의 대화를 기반으로 한 교육이다. 하브루타의 단점은 대화를 잘 모르는 한국인들에게 접해보지 못했던 신세계란 점이다. 대화하려고 노력해야 한다는 것이 바로 단점이 아닌 단점이다. 대화는 습관이다. 부모로부터 배워왔던, 또 내가 평소에 자주 쓰던 그 습관 그대로 나오는 것이 대화이다. 대화가 없는 한국인들의 특성을 고려할 때 하브루타는 굉장히 어려울 수밖에 없다. 왜? 대화할 줄 모르기 때문이다. 대화하는 습관, 문화가 없기 때문이다. 우리 부모님 세대가 가정에서 보여준 모습은 서로 대화하면 싸우니 피하는 것이었다. 이런 모습을 보고 자란 우리들은 대화에 대해서 부정적일 수밖에 없다. 그래서 우리는 대화를 하는 데 있어서 필요한 가장 기본적인 마인드와 방법에 대해서 배울 필요가 있다.

아이의 생각이 쑥쑥 자라는 **하브루타 부모 교육**

우리는 대화의 중요성을 너무 모르고 자랐다. 그래서 이것을 새로 배우고 익히려면 상당한 노력과 에너지가 필요하다. 이것이 익숙하지 않으면 아이와 대화하자고 앉아서는 부모의 이야기만 쏟아낸다. 그리고 부모는 대화를 아주 잘했다고 생각한다. 그러나 아이 입장에서는 그것은 대화가 아니다. 부모의 깊이 있는 또 다른 잔소리일 뿐이다. 그러니 대화하는 방법을 배우고, 잘못된 점을 수정해 나가면서 대화를 하려고 애써야 하기 때문에 부모의 노력이 많이 필요하다.

부모가 미리 준비하고 공부하자

하브루타는 부모와의 대화에서 아이에게 정보도 제공해주면서 아이의 사고와 판단을 잘할 수 있도록 질문을 해야 한다. 그래서 부모가 질문에 익숙해지지 않으면 하브루타를 하기 힘들다. 부모가 먼저 익숙해져서 아이를 가르쳐야 하며, 하브루타 하기 전에 어떤 주제로 하브루타를 할 것인지 약간의 준비 및 공부를 해야 한다. 이것이 중요한 이유는 자녀들에게 짧은 시간에 부모가 쉽게 설명해주고 질문함으로써 단시간에 극적인 효과를 얻기 위함이다. 부모가 제대로 알고 있지 않으면 아이에게 설명하는 것조차 힘들고 어렵다.

우리와 유대인은 출발점부터가 다르다. 유대인은 가족 중심의 문화와 그들만의 대화와 토론 문화를 태어날 때부터 접하기 때문에 우리와는 시작부터가 다르다. 유대인들이 하는 것처럼 지적인 질문 몇 가지를 던지기 위해서는 우리 부모님들의 노력이 절실하다. 왜? 우리는 질문을 해보고 자라지 않았기 때문이다. 또 가족과 토론하면서 자라지 않았기 때문이다. 은연중에 우리가 교육받아 왔던 주입식 교육을 우리 아이들에게 하고 있기 때문이다.

처음 시작할 때는 엄마가 먼저 하브루타의 중요성에 대해서 인식하고 대화와 토론하는 방법과 질문하는 방법들을 미리 배워서 익숙해져야 한다. 여기서 대화와 토론하는 방법은 특별한 방법을 말하는 것은 아니다. 단지 한국인이 너무 대화와 토론을 접해보지 않았기 때문에 진짜 대화가 어떤 것인지 감을 잡을 수 있는 정도를 말한다. 그리고 이렇게 배우고 익힌 것에서 끝나는 것이 아니라 아이와 함께하려는 시도를 끊임없이 해야 한다. 또 아이와 대화할 내용을 미리 공부하고 준비해야 한다. 이점이 한국인들이 하브루타를 어려워하는 이유다.

요즘 부모님들 너무 바쁘고 할 일도 많아서 하브루타를 배우신 분들도 하기 힘들 때가 있다. 어떤 날은 귀찮아서 하기 싫고 어떤 날은 기분이 나빠서 하기 싫다. 또 어떤 날은 그냥 잊어버리고 못하는 경우도 많다. 그래도 생각날 때마다 포기하지 않고 하는 것이 중요하다. 하브루타 교육이 효과를 보기 위해서는 장시간이 필요하다. 아이가 성인이 되기 전까지 꾸준한 노력이 필요하다. 부모가 포기만 하지 않는다면 그 열매는 매우 달 것이다.

아이의 생각이 쑥쑥 자라는 하브루타 부모 교육

3
초등학교 가기 전에
하브루타 습관을 만들어라

첫째 아들이 열한 살인데 아이들 크는 것을 보면 하루하루가 다르고 아이들의 생각과 성격도 많이 변해간다는 것을 느낀다. 이렇게 변화하는 아이들에게 하브루타 습관을 만드는 것은 큰 노력이 필요하다. 처음 하브루타 하겠다고 아이들을 앉혀 놓고 질문을 퍼붓던 날이 생각난다. 지금 생각하면 매우 우습지만, 그때는 정말 나름 열심히 준비해서 아이들과 대화하려고 시도를 했었다. 백설 공주 이야기를 했었는데 아이들과 대화가 무조건 길면 좋은 줄 알고 아이들을 될 수 있으면 붙잡아 두려고 했었다. 또 음식을 많이 차려 놓고 먹는 동안 계속 질문을 쏟아냈다. 그랬더니 오히려 반감이 더욱 심해지고 큰아이는 왜 자꾸 질문하느냐고 짜증을 냈다. 아이들의 집중 시간이 매우 짧다는 생각을 못 하고 성인처럼 오래 대화를 해야 하는 줄 알고 아이들을 붙잡아 놓았던 것이다. 아이들이 짜증이 날 만도 했다. 그래서 동화책을 잠깐 읽어주고 잠깐 대화 나누는 것으로 바꾸었는데도 불구하고 첫째 지호는 불만이 많았다.

"엄마 왜 자꾸 질문을 해? 안하면 안돼?"

그리고 엄마랑 대화하자고 하면 도망가기 일쑤였다. 그러던 어느 날 아이와 함께 알사탕이란 동화책을 읽으면서 지호를 설득할 수 있었다. 대화가 주는 것이 어떤 것들이 있는지에 대해서 동화책을 보고 이야기한 결과다. 아이는 이제는 나의 질문을 짜증으로 받아들이지 않고 매우 행복한 일로 받아들인다. 예전처럼 무자비하게 준비한 질문을 퍼붓지 않고 그냥 아이에게 맞추어서 간단한 질문 몇 개로 끝내고 아이의 이야기를 충분히 들어주려고 애를 쓴 결과다. 그러면서 동화책 읽은 시간을 매우 좋아하게 되었다.

아이가 초등학교 가기 전에 하브루타를 습관으로 만들라고 하는 이유는 우리 첫 아이 때 겪었던 경험 때문이다. 첫 아이와 둘째는 이미 주입식에 익숙해져서 하브루타의 질문을 어려워했다. 그런데 막내 아이는 아직 주입식 교육을 받지 않았기 때문에 엄마의 말을 아주 매우 잘 받아들이고 오히려 하브루타 습관을 들이기는 매우 쉬웠다. 일단 주입식 교육이 시작되면 아이들은 학교가 스트레스며 숙제가 스트레스기 때문에 또 다른 교육을 하고 싶어 하지 않는다. 그렇게 되기 이전에 생각하고 질문하는 습관을 들이는 것

아이의 생각이 쑥쑥 자라는 하브루타 부모 교육

이 중요하다.

이것을 무슨 목적을 갖고 하라는 것은 아니다. 그냥 아이들과 놀이 삼아 즐거운 것이라고 느끼게끔 하는 것이 중요하다. 책을 보고 엄마랑 또는 아빠랑 대화하는 것은 매우 즐거운 일이라는 것만 충분히 느끼게 해줘도 좋다. 그 기억이 학교에서 주입식 교육으로 힘들더라도 아이에게 견딜 힘을 줄 것이기 때문이다. 부모와 관계가 안 좋을수록, 부모와 대화가 없을수록, 강압적인 주입식 교육을 하는 한국 교육 현장에서 아이들은 설 곳이 없다. 요즘 사춘기가 매우 낮아져서 초등학교 4학년에 벌써 사춘기를 겪는다고 한다. 아이들 입장에서는 매우 힘든 시기가 아닐까 한다. 너무 빠른 조기 교육과 선행 학습 대한 강압적인 스트레스가 우리 아이들을 정말로 힘들게 하는 것은 부인할 수가 없다. 그렇다면 우리 가정에서 어떤 교육이 중요할까? 바로 아이들의 마음을 잡아주는 교육이 가장 중요할 수밖에 없다. 사춘기를 겪는 아이들과 소통하기 위해서 지금부터 미리 아이들에게 부모와 소통할 수 있는 시간을 마련해주어야 한다. 이 시간으로 부모가 힘들 때 의논할 수 있는 대상이라는 것을 아이들에게 각인시킬 수 있기 때문이다.

늘 부모가 지지해주고 있다고 생각하는 아이와 그렇지 않은 아이의 차이는 바로 사춘기 때부터 극명하게 드러난다. 전자의 아이는 모든 것이 공부고 경험이 될 것이다. 그러나 후자의 아이는 모든 것이 공포고 두려움의 대상이 될 것이다. 후자의 아이들이 느끼는 세상은 기둥이 없는 집의 지붕을 아이의 팔로 버티고 있는 느낌일 것이다. 자신을 낳아준 부모조차 자신을 지지하지 않는다고 생각하면서 자라는 아이의 마음은 불안 그 자체이기 때문이다.

부모가 아이에게 가장 많이 해주어야 할 부분은 바로 이 부분이라고 생각한다. 아이에게 든든한 기둥이 되어주기 위해서는 아이와 끊임없이 대화하려는 노력이 필요하다. 이 대화의 시작으로 부모와 아이의 거리를 좁히고 아이의 학교생활이 원만해질 수 있다. 이것이 바로 초등학교 들어가기 전에 우리 아이와 하브루타 습관을 만들어야 하는 이유다.

동화로 보는 하브루타의 특징

- 서로의 다름을 인정하는 것이다

《보이거나 안보이거나》요시타케 신스케

이 책의 특성은 바로 하브루타의 기본이 되는 '다름을 인정하는 것이 어떤 것인지'에 대해서 잘 나와 있는 동화책이다. 지구에서 사는 사람들의 서로 다름을 외계에서 사는 외계인들과 비유해 재밌으면서도 아주 쉽게 이해할 수 있게 표현되어 있다. 왜 우리는 다를 수밖에 없는지에 대해서도 아이들과 재밌게 이야기를 나눌 수 있다. 또 우리가 서로 비슷한 사람을 좋아하고 서로 다른 사람들을 불편해하는 이유 또한 다뤄져 있다. 내용에 깊이가 있어서 중, 고등학생들까지 포괄적으로 아주 깊게 대화할 수 있는 책이다. 우리는 다를 수밖에 없고, 그 다름을 인정하는 것부터 시작해야 진정한 대화를 할 수 있다. 이것이 곧 하브루타의 시작이다.

서로 다름을 인정하지 않고, 상대방을 나와 다르다고 피하고, 비난만 한다면 과연 우리 사회는 어떻게 변할까? 만일 많은 사람이 서로의 다름을 인정하고 상대방의 다른 의견에 대해서도 귀를 기울인다면 세상은 과연 어떻게 달라질까? 생각해 보고 토론해도 재

있다. 또 형제나 친구, 가족 중에 나와 닮은 모습, 닮은 성격을 가지고 있는 사람은 누구인지 찾아보는 것도 재밌을 것이다. 또 장애를 가진 사람과 장애를 갖고 있지 않은 사람들이 보는 세상은 어떻게 다른지에 대해서도 이야기해 볼 수 있다. 세상에 사는 많은 사람 중에 똑같은 사람은 단 한 사람도 없다. 우리는 아이들과 이점을 중점적으로 이야기하고 나와 다른 사람을 받아들이고 같이 생활하는 법을 배워야 한다는 것을 알려주자.

내용 하브루타

- 주인공이 조사했던 별들에서 사는 사람들은 어떤 사람들이 있었나요?
- 왜 눈이 세 개인 외계인은 지구인에게 불쌍하다고 했나요?
- 왜 팔이 네 개인 외계인은 지구인에게 불쌍하다고 했나요?
- 앞 뒤를 동시에 볼 수 있는 사람들은 어떤 생활을 할까요?
- 앞을 볼 수 없는 사람들은 어떤 생활을 하고 있나요?
- 앞뒤를 동시에 볼 수 있는 사람과 앞만 볼 수 있는 사람들 생활의 차이점은 어떤 것들이 있을까요?
- 하늘을 날 수 있는 외계인과 날 수 없는 지구인의 생활은 어떻게 다를까요?
- 팔이 네 개인 사람과 팔이 두 개인 사람의 생활은 어떻게 다를까요?
- 왜 앞을 보는 사람과 보지 못하는 사람이 느끼는 세상은 다를

까요?

- 몸의 특징과 겉모습을 왜 작가는 탈것과 같다고 했을까요?
- 왜 사람들은 자신과 비슷한 사람을 보면 왠지 안심될까요?
- 책에서 나온 희귀한 사람이란 어떤 사람을 이야기하나요?
- 희귀하다는 뜻은 어떤 뜻인가요?
- 여러분이 만일 희귀한 사람이라면 어떨까요?
- 왜 작가는 탈 것을 자신이 정할 수 없다고 했나요?
- 왜 사람들은 자신과 다른 사람들을 보면 긴장을 할까요?
- 왜 사람들은 지구라는 별에서 공통되게 태어났지만 생각하는 것과 좋아하는 것 원하는 것이 각자가 다 다를까요?
- 나와 다른 사람을 이해한다는 것은 쉬울까요, 어려울까요? 작가는 어떻게 이야기하고, 여러분은 어떻게 생각하고 있나요?

마음 상상 하브루타

- 여러분은 외계인을 믿나요?
- 믿는다면 여러분들은 우주에 어떤 별들이 있을 것 같나요? 그 별에는 어떤 사람들이 살고 있을 것 같나요?
- 주위에 앞을 보지 못하는 사람이 있나요?
- 만일 여러분이 갑자기 앞을 보지 못하게 된다면 어떤 일들이 일어날 것 같나요?
- 만일 여러분이 갑자기 앞을 보지 못하게 된다면 여러분의 마음은 어떨 것 같나요?

- 지구에서도 앞을 보지 못하는 동물들이 굉장히 많아요. 어떤 동물들이 있나요?

- 앞을 본다는 것은 많은 장점이 있지만 그런데도 단점이 있다면 어떤 것들이 있을까요?

- 앞을 못 본다는 것은 굉장히 불편함이 있지만 그런데도 장점은 어떤 것들이 있을까요?

- 지구상에는 다양한 사람들이 살고 있습니다. 앞을 보는 사람, 앞을 못 보는 사람, 못 듣는 사람, 말을 못 하는 사람, 다리가 없는 사람, 움직이지 못하는 사람, 팔이 없는 사람, 이처럼 많은 사람이 있어요. 이런 사람들이 가지고 있는 특징은 어떤 것들이 있나요?

- 주위에 자신의 불편함에도 열심히 잘 살아가는 사람들도 굉장히 많아요. 어떤 사람들의 이야기가 있을까요?

- 앞을 볼 수 있고, 걷고 말할 수 있는데도 불평만 하고 열심히 살지 않는 사람도 있어요. 어떤 사람들이 있을까요?

- 주위에 다르다는 이유로 차별받는 사람들이 있나요?

- 작가는 이 책을 통해서 무엇을 전하고 싶었을까요?

- 여러분, 눈을 감고 생각해봐요. 보이지 않아서 할 수 있는 일들은 어떤 것들이 있을까요?

- 여러분, 들리지 않는 사람만이 구별할 수 있는 것은 어떤 것들이 있을까요?

- 같은 세상에 살면서도 우리가 느끼는 것은 사람마다 달라요.

왜 그럴까요?

- 어른들과 비교했을 때 여러분만이 할 수 있는 일들은 어떤 것들이 있나요?

- 어른들이 여러분보다 못한다고 생각하는 것은 어떤 것들이 있나요?

- 많은 사람이 여러분을 이상하게 쳐다본다면 어떤 느낌이 들까요?

- 만일 여러분의 가장 사랑하는 사람이 앞을 보지 못한다면 어떨까요?

- 만일 여러분이 만난 외계인이 여러분에게 "손이 2개 밖에 없어서 불편하겠다"라고 한다면 어떤 생각이 들 것 같나요?

- 한쪽 팔이 없는 사람을 보면 어떤 생각을 하나요? 불편하겠다? 불쌍하다? 라고 생각이 드나요?

- 위 질문은 외계인이 여러분에게 손이 2개밖에 없어서 불편하겠다고 말하는 것과 무엇이 다른가요?

- 사람들이 서로 다름을 인정하지 않는다면 어떤 일들이 일어날까요?

종합 하브루타

- 보이는데도 보이지 않는 것처럼 행동하는 사람이 있어요. 어떤 사람들인가요?

- 알고 있는데도 모르는 척하는 사람도 있어요. 어떤 사람들이

그럴까요?

- 다른 사람이 못 보고 못 듣는 것을 이용해서 자신의 이득을 취하는 사람도 있어요. 어떤 사람들일까요?
- 만일 많은 사람이 다른 사람들의 단점을 이용만 하려고 한다면 세상은 어떻게 변할까요?
- 이렇게 사람들을 속이고 자신의 이득을 취하려는 사람을 구별하는 방법이 있을까요?
- 이런 사람들에게 속지 않으려면 우리는 어떻게 해야 할까요?
- 역사적으로 피부색이 달라서 생기는 갈등은 어떤 것들이 있었나요?
- 왜 사람들은 색깔이 다르다는 이유로 차별을 할까요?
- 나와 다른 사람을 이해하지 않고 비난하고 무시하면서 자신과 비슷한 사람하고만 사는 것은 글로벌 시대를 살아가고 있는 우리에게 올바른 사고방식일까요?
- 이 시대를 사는 우리가 가져야 할 사고방식은 어떤 것일까요?
- 친구가 나와 조금 다른 생각을 갖고 있다고 비난하면 될까요?
- 나와 다른 생각과 행동을 한다는 것을 나쁘다고 말할 수 있나요?
- 우리가 살고 있는 민주주의의 근본은 다름을 인정하는 것이 아닐까요? 여러분의 생각은 어떤가요?
- 부모님이 이해가 안 되어서 외계인처럼 느껴질 때가 있나요?

최고의 교육은
무구의의 기회로다
시작된다

2장

1
대화를 모르는 한국인들

개그 콘서트의 '대화가 필요해'란 코너를 보면 우리 사회의 단면을 보여주고 있다. 가족이 모여 앉아 대화하는 식탁이 전쟁터가 따로 없다. 밥을 먹다 체할 것 같은 싸한 분위기가 감돌고 대화도 몇 마디 주고받지 않았는데 고성이 오가는 모습이 바로 얼마 전까지 우리 식탁의 모습이다. 아빠를 무서워하는 아들과 그런 아들을 감싸려고 하는 엄마, 엄마에게 명령하는 아빠, 마음에 들지 않는 아들을 두고 잘잘못을 따지는 그런 식탁의 모습이다. 웃기기 위해서 만들었다고 하지만 정말 씁쓸한 프로라고 나는 생각한다.

하브루타는 대화를 중심으로 한 관계 지향적 교육이다. 그렇기 때문에 대화를 잘 이끌어 나가는 것이 매우 중요하며 상대방과 나와 의견이 다를 수 있음을 인정하는 것이 매우 중요하다. 이것을 기

아이의 생각이 쑥쑥 자라는 **하브루타 부모 교육**

반으로 상대방의 마음을 상하지 않게 하면서, 자신의 의견을 어필하고 서로의 타협점을 찾아 나갈 수 있는 것이 대화이다. 그러나 한국인의 특성을 보면 자신과 반대되는 의견을 갖은 사람들을 적대시하며 그들과 이야기하길 거부한다. 자녀와의 대화에서도 마찬가지다. 자녀의 이야기는 일방적으로 잘못되었다고 생각하는 경우가 굉장히 많다. 그리고 유교 문화로 인해서 자녀들에게 부모의 생각과 의견을 받아들이고 따르도록 강요하면서 아이들을 가르친다. 이렇게 자란 한국인에게 대화란 정말 어려운 것일 수밖에 없다. 자신의 의견보다 남의 의견을 강요당하면서 자란 아이들이 상대방과의 대화를 싫어할 수밖에 없는 것은 어쩌면 당연하다.

대부분의 부모님들이 실수하는 것은 아이와 대화를 한다면서 아이의 입은 막고 자신의 말만 한다는 것이다. 그리고 자녀가 조금만 반대 의견을 내기라도 하면 큰일이 나는 것처럼 아이를 잡는다. 대화는 상대방과 내가 같이 이야기하고 같이 들어주는 것을 말한다. 한쪽에서 일방적으로 이야기하는 것을 대화라고 하지 않는다. 우리는 대화를 하자면서 부모 쪽에서 일방적으로 아이에게 훈계하는 것을 대화라고 말한다. 이것은 엄밀히 말하면 대화가 아니다. 이런 대화는 우리 아이의 입을 닫아버리고 심하면 마음을 닫아버린다. 이렇게 되면 아이들과 소통할 수 없고, 소통할 수 없다면 아이와 하브루타 또한 할 수 없다. 대화를 우습게 생각해서는 안 된다. 아이가 입을 열지 않는 것은 사춘기가 되면 걷잡을 수 없는 반항으로 이

어지기 때문이다.

　하브루타는 생각하기에 따라서 쉽기도 하지만 대부분의 한국인에게는 어려울 수 있다. 하브루타 교육을 받은 사람들조차 하브루타를 하기 힘들어하고 오랫동안 유지해오지 못하는 것은 대화할 줄모르기 때문이다. 아이들과 대화를 이어나가지 못하는데 어떻게 질문을 해서 아이들과 하브루타를 할 수 있을까? 아이의 마음은 이미닫혀서 부모와 어떤 대화도 하고 싶지 않은데 질문만으로 아이들의 마음을 열고 성적을 올릴 수 있을까? 힘들 것이다. 하브루타는부모와 자녀의 끈끈한 유대 관계 안에서 할 수 있는 교육이다. 자녀가 부모를 거부하거나 자녀가 입을 열지 않는다면 할 수 없는 교육이다. 그렇기에 우리들은 자녀와 깊은 대화를 하고 자녀와 소통하기 위해서 또 하브루타를 하기 위해서 대화하는 법을 배워야 한다.

2.
대화가 우리에게 주는
마법 같은 일들

우리는 대화의 기본부터 다시 배워야 한다. 그 이유는 대화는 매우 많은 장점을 가지고 있기 때문이다. 대화의 가장 첫 번째 장점은 사고의 다각화다. 앞서 말할 것처럼 상대방과 나와의 다른 점을 인정하기 때문에 굉장히 유연한 사고를 할 수 있다. 그리고 상대방과의 대화에서 내가 더욱더 지혜로워지고 발전된 생각을 얻어올 수 있다. 상대방의 입장에서 생각하고 또 다양한 생각을 받아들이기 때문에 그만큼 지혜로워지고 사고의 폭이 넓어진다.

두 번째 사회성이 좋아진다. 대화를 잘하는 사람은 다른 사람들의 생각과 의견을 유연하게 받아들일 수 있기 때문에 많은 사람이 좋아한다. 나의 의견만 중요시하는 것이 아니라 다른 사람의 의견도 존중하면서 대화를 하기 때문이다. 일방적으로 자신의 의견만 옳다고 하는 사람들보다 상대방의 의견을 언제든지 들을 준비가 되어있는 사람이 인기가 많을 수밖에 없다. 대화는 너와 나의 다름과 의견의 차이 또한 인정하고 받아들이는 것에서부터 시작하기에 대화를 잘하면 사회성이 좋을 수밖에 없는 것이다. 지금의 시대는 소통이 가장 중요한 시대이다. 소통할 수 없다면 자신을 어필할 수도 없다. 자신을 어필할 수 없다면 성공하기 힘든 시대가 바로 지금의 시대다. 이런 시대에 대화와 소통으로 많은 사람들의 의견을 수렴해서 가장 좋은 해결책을 찾아낼 수 있는 사람이 있다면 당연히 리더가 될 것이다.

세 번째 대화로 다양한 정보를 주고받을 수 있다. 인류가 성장하면서 가장 중요한 것 중의 하나가 바로 정보를 누가 많이, 빨리 얻을 수 있느냐다. 서양에서는 사업가들이 모여 파티를 많이 여는데 그곳에서 엄청난 정보를 주고받는다고 한다. 또 어떤 사람들은 인터넷, 유튜브, 블로그를 통해 소통하면서 다양한 정보를 주고받는다. 또 어떤 사람들은 강의하고 책을 쓰면서 다양한 정보를 주고받는다. 인간은 대화를 통해서 서로에 대한 정보를 주고받을 수도 있고 자신들이 하는 일이나 취미에 대해서도 많은 정보를 주고받는다. 서로 정보를 주고받으면서 우리는 유행을 만들어가기도 하고 각종 기술이나 미래 사업을 예측하기도 한다. 또 서로의 의견이 맞는다면 함께 같은 사업을 추진하는 동료가 되기도 한다. 즉 대화는 정보 전달의 수단으로서 현 4차산업혁명 시대에 엄청난 역할을 하고 있다.

네 번째 대화는 사람의 마음을 치유한다. 사람은 자신의 마음을 이야기하거나 또는 상대방의 말을 들어주면 그 사람에게서 치유가 일어난다. 그 대표적인 것이 심리 상담을 들 수 있다. 내가 과거에 너무 힘들어서 심리 상담을 받은 적이 있는데 그곳에서 한 것은 실컷 떠들고 오는 것뿐이었다. 그런데도 치유가 일어난다. 또 우리들은 커피숍에 가서 친구들과 수다를 떨기도 한다. 그 시간이 참 즐겁고 재밌다. 그 이유는 시답지 않은 대화라도 말하고 서로 소통하면서 치유가 일어나기 때문이다.

다섯 번째 대화는 합리적인 문제해결 방안을 끌어낼 수 있다. 긍정적인 대화를 많이 하다 보면 생각하지 못했던 아이디어도 나올 수 있고, 내가 보지 못했던 나의 모습 또한 다시 관찰해 볼 수 있다. 또 상대방의 의견을 듣고 나의 의견을 보안할 수도 있으며, 이견을 조율해서 새롭고 창의적인 해결 방안을 도출해 낼 수도 있다. 단순히 상대방의 의견을 듣고 넘어가는 것이 아니라 서로 존중하면서 이루어지는 대화라면 얼마든지 조율이 가능하며 타협점을 찾아낼 수 있다.

이렇게 대화는 정말 장점이 많은데도 불구하고 우리는 대화의 중요성은 1도 배우지 못했다. 그렇지만 우리는 지금 대화가 아이들에게 얼마나 많은 영향을 미치는지 알았다. 우리는 대화로 책 읽기 싫어하는 아이에게 흥미로운 이야기를 전달해줄 수 있고, 공부하기 싫어하는 아이에게 대화로 동기부여와 앞으로의 미래의 청사진을 보여줄 수도 있다. 우리는 대화를 통해서 아이들에게 새로운 세계를 보여줄 수도 있다. 이런 점에서 볼 때 대화를 통한 교육 즉 하브루타는 앞으로 4차산업혁명 시대에 가장 이상적인 교육이 될 것이다.

아이의 생각이 쑥쑥 자라는 **하브루타 부모 교육**

3
술술 풀리는
대화의 기본은 '나'

대화의 기본은 '나 전달'이다. 우리는 굉장히 개별적인 존재이다. 내가 있어야 세상이 있고, 내가 있어야 아이들도 있고, 내가 있어야 사회도 있는 것이다. 그러기에 나를 표현하는 것, 내 감정을 전달하는 것이 대화의 가장 기본이 된다. 대부분의 부모님들이 첫 번째 '나 전달' 부분에서는 굉장히 잘한다고 생각할지도 모른다. 우리는 늘 자녀에게 훈계와 지시 등을 하면서 부모의 생각과 의견을 수도 없이 말하고 있기 때문이다. 그런데 이것은 '나 전달'이 아니다. 이것은 앞서 말했던 것처럼 대화가 아니다. 나는 대화의 기본인 '나 전달'법을 이야기하는 것이다. 이것도 대화하는 방법의 일종이기에 마구 내 말만 쏟아붓는 것이 아니다. '나 전달'법은 말 그대로 상대방에게 기분 나쁘지 않게 나의 입장과 감정을 전달하는 방법이다. 우리 한국인들이 자주 쓰는 대화법은 대부분 상대방을 비난하거나 상대방을 원망하는 대화법을 많이 쓰고 있다. 그러기에 상대방에게 상처를 주거나 화를 나게 만들어서 대화가 지속할 수 없는 것이다. 그러나 '나 전달' 대화법은 상대방을 비난하지 않고 오로지 그 상황에 따른 나의 감정과 입장을 이야기하는 것이기에 상대방의 거부감이 덜할 수밖에 없다.

한번은 이런 일도 있었다. 첫째 아이 지호와 친하게 지내는 누나 소현이가 둘이서 치고받고 싸운 적이 있다. 처음에 지호가 나에게 달려와서는 자신이 잘못한 것은 하나도 이야기하지 않고 누나 소현이가 잘못한 것만 이야기한 것이다. 그래서 계속해서 물었더니 서로 욕도 했고 또 때리기까지 한 것이다. 그런데도 끝까지 상대방의 잘못만 이야기하고 싸움은 그칠 줄을 몰랐다. 그때 나는 아이들에게 이야기했다.

"자 상대방의 잘못을 이야기하지 말고 네가 기분 나빴던 것만 이야기해보자."

이렇게 이야기를 하고 누나 먼저 이야기하게 시켰다. "나는 이런 점이 너무 기분이 나쁘니까 하지 말았으면 좋겠어."라고 이야기해보도록 했다. 그랬더니 재미난 일이 일어났다. 이 이야기를 자신의 입으로 한 순간부터 아이들이 피식거리며 웃는 것이다. 그리고는 언제 싸웠냐는 듯이 같이 뛰어놀았다. 신기한 일이었다. 자신의 감정을 이야기하고 상대방이 들어주는 순간 치유가 일어나고 기분이 풀리는 것이다. 우리는 우리가 지금 자녀들에게 어떤 대화법을 사

아이의 생각이 쑥쑥 자라는 **하브루타 부모 교육**

용하고 있는지 잘 살펴보아야 한다. 내가 하는 하브루타 부모교육에서는 가장 먼저 부모 자신을 살펴보아야 한다고 강조하고 있다. 그 이유는 아무리 좋은 교육을 받아도 자신이 사용하는 대화법이 상대방을 비난하는 대화법을 가지고 있으면 무용지물이 되기 때문이다. 천사 같은 사람이라도 자신을 매번 비난하는 사람 옆에 있기 힘들기 때문이다.

또 내가 이 '나 전달' 대화법을 가장 중요시 여기며 가장 먼저 가르치는 이유는 따로 있다.

엄마의 마음이 불편하면 아이에게 잘 대해줄 수가 없다. 많은 육아 교육서들이 엄마들에게 참으라고 가르친다. 그리고 하지 말아야 할 것들만 수두룩하게 알려준다. 그러나 대부분의 부모님이 그것을 모르지 않을 것이다. 다 알고 있지만 하지 못하는 것들이 너무 많을 것이다. 그것은 바로 부모 자신을 스스로 컨트롤하는 방법은 나와 있지 않기 때문이다. '나 전달' 대화법은 상대방의 마음을 상하지 않게 내 이야기를 한다는 점에 주목해야 한다. 먼저 나의 이야기를 한다는 것이다. 나의 이야기를 한다는 것은 아까 말했던 것처럼 치유가 일어나는 효과를 가지고 있다. 그러기에 부모가 자신의 마음을 자녀들에게 이야기하는 것은 부모의 마음을 진정시키며 컨트롤할 수 있게 만들기 때문이다. 만일 이 작업을 하지 않고 부모가 매번 참기만 한다면 그것은 며칠 못 가서 어떤 방식으로든 폭발하게 되어있다.

우리가 삶을 사는 데 있어서 가장 중요한 것은 자기 컨트롤이다. 시중에 나와 있는 대부분의 자기계발서에서 말하는 것을 종합해보면 다 자신을 컨트롤할 수 있냐 없냐에 따라 성공할 수 있고 실패할 수도 있다고 말한다. 자녀 교육에서도 마찬가지다. 특히 자신의 감정을 컨트롤할 수 없다면 자녀 키우는 것은 너무나 고통스러운 일이 된다. 그러기에 자신의 감정을 컨트롤할 수 있는 가장 좋은 방법은 자신의 감정을 말하는 것이다. 그러나 내 감정을 표현하는 데 있어서 상대방을 비난하는 어투를 사용하면 안 된다. 그러면 상대방은 귀를 닫고 마음을 닫아버리기 때문이다. 상대방에게 효과적으로 나의 마음을 전달하려면 상대방의 마음과 상태를 고려해야 한다.

"너 때문에 내가 이렇게 됐잖아."

"어떻게 너는 아빠랑 똑같이 엄마를 힘들게하니?"

이런 식의 대화법은 잘못된 대화법이다. 어떤 식으로든 상대방을 비난하는 어투가 들어가면 안 된다. 그 상황에 따른 나의 감정만 전달하면 되는 것이다. 대화의 단계에서 설명한 지호와 소연이의 감정을 이야기한 것처럼 말이다.

"나는 네가 욕해서 너무 속상했어. 앞으로는 안 해줬으면 좋겠어"

이런 식으로 자신의 감정만 이야기하면 되는 것이다. 다음처럼 바꾸어서 말하는 것이 '나 전달' 대화법이다.

"지금이 몇 신데 이제 오니? 엄마가 학원 끝나고 바로 집에 오라고 했어 안 했어?"

아이의 생각이 쑥쑥 자라는 **하브루타 부모 교육**

⇒"지금 오니? 엄마는 네가 너무 늦게 와서 얼마나 걱정을 많이 했는지 몰라. '혹시 무슨 일이 생겼나' 하고 얼마나 걱정했다고."

"너 또 학교에서 친구들하고 싸웠니? 너는 누굴 닮아서 매번 싸움질만 하고 다니니?"
⇒"오늘 학교에서 무슨 일이 있었니? 학교에서 전화가 왔는데 그 전화 받고 엄마가 많이 걱정했단다. 무슨 일이 있었는지 엄마한테 먼저 이야기해줄래?"

'나 전달' 대화법의 핵심은 사건에 따른 부모의 감정이나 생각을 이야기하는 것이다. 사건의 원인이나 범인이 누군지는 중요하지 않다. 그 사건에 따른 나의 감정과 생각만 이야기하는 것이다. 이런 대화법을 사용하면 가장 좋은 점은 바로 아이들이 부모가 자신을 걱정하고 있다고 느끼게 만든다는 것이다. 엄마는 자신의 감정을 표현해서 좋고 자녀는 부모가 자신을 걱정하고 있고, 자신을 사랑하고 있다고 느껴서 좋다. 한마디로 1석 2조의 대화법이다.

이 대화법의 또 하나의 장점은 바로 부정적인 감정도 상대방에게 자연스럽게 이야기할 수 있다는 것이다. 사람들은 의외로 부정적인 감정을 전달하는 것을 매우 힘들어한다. 그래서 많이 참거나 피하려고 하는 경향이 많다. 오죽하면 '미움받을 용기'란 책이 나올 정도로 많은 사람이 부정적인 감정을 숨기면서 살고 있다. 그런데 이 대화 방법을 사용하면 부정적인 감정도 긍정적인 감정도 상대방에게 잘 전달할 수가 있다. 부정적인 감정을 잘 전달 할 수 있다는 것은 굉장한 장점에 속한다. 현대 시대의 많은 사람들이 마음에 병이 들거나, 심리 상담소를 찾는 이유는 간단하다. 자신의 부정적인 감정을 해결하지 못하기 때문이다. 이 감정들을 해소할 수 없어 참거나 무시하기 때문에 정신적 육체적으로 병이 생겨난다. 수없이 생겨나는 부정적인 감정들을 쌓아두지 않고 그때그때 해소할 수 있다는 것은 엄청난 장점이 될 수 있다.

마지막으로 부모가 이런 대화법으로 늘 자녀와 소통한다면 자녀도 학교나 사회에 나가서 이런 대화법을 사용할 가능성이 높다. 부모의 말하는 습관과 말투를 아이들은 무의식적으로 흡수하기 때문이다. 그러기에 부모의 이런 긍정적인 말 습관을 아이들이 사회에 나가서 써먹게 된다. 자신의 감정을 잘 컨트롤하면서 대화를 이어나갈 능력이 있다면 사회에 나가서 어떤 일을 하든지 잘 지낼 수 있을 것이다. 지금 당장 나의 전달 대화법을 연습해보도록 하자. 이것이 조금씩 익숙해지면 싸움만 끊이지 않던 가정에서도 평화로운 시간이 허락된다. 이 대화법은 하브루타를 하는 데 있어서 매우 중요한 역할을 한다. 어려운 대화법도 아니니 꼭 익히길 바란다.

4
신나는 하브루타
자녀 대화법

하브루타를 질문만 하면 된다고 생각하는 사람들이 있는데 실상은 그렇지 않다. 내 의견을 상대방에게 전달하는 데 있어서 상대방이 공격적으로 느끼거나, 불쾌하게 만든다면 누구도 대화하거나 하브루타 하고 싶어 하지 않기 때문이다. 그만큼 나를 표현하는 데 있어서 상대방의 감정과 마음을 존중하는 것은 중요하다. 그것은 아이들과의 대화에서도 마찬가지다. 그래서 대화하는 순서를 알아두면 많은 도움이 많이 된다. 또 일상에서 많이 쓰일 대화법이라서 아이들과 더 깊은 대화를 주고받을 수 있는 방법이 되기도 한다.

대화의 순서

1단계 : 아이의 마음을 파악하고 읽어주기

2단계 : 부모의 '나 전달' 단계

3단계 : 서로 의견이 다를 때 각자의 의견 말하며 하브루타 하기

4단계 : 의견 중 적당한 의견을 골라 실천하기

5단계 : 실천 후 하브루타 하기

－《이 시대를 따뜻하게 사는 부모들의 이야기》(이민정 지음) 1편 133쪽 참조

다섯 가지 단계 중에 가장 중요한 단계는 바로 첫 번째 단계와 두 번째 단계이다. 이 두 단계를 빼고 나면 대화가 진행될 수 없기 때문에 아이와 대화할 때는 이 단계를 거쳐야 가능하다. 특히 서로 의견이 다르거나 아이가 떼를 쓸 때 사용하면 굉장히 도움이 많이 된다. 모든 대화가 다 다섯 가지 단계를 거치는 것은 아니다. 어떤 대화는 2단계에서 종료될 수도 있고 5단계 그 이상까지 가는 대화도 있다. 부모가 필요하다고 생각하면 그때그때 넣었다 뺐다 할 수 있다.

첫 번째 단계 아이의 마음을 빨리 파악하고 읽어주기이다. 이 단계는 공감하기와 매우 밀접한 관계가 있다. 공감하는 방법에 대해서는 나중에 본격적으로 설명할 것이기 때문에 우선 대화의 순서를 설명하겠다. 아이의 마음 읽어주기는 말 그대로 아이가 지금 어떤 상태인지 마음을 읽어주는 것이다. 이것은 정말 어려운 단계 중의 하나이다. 그러나 그런데도 가장 쉽게 할 수 있는 방법이 있다. 그것은 아이의 말을 그대로 따라 하는 것이다. 지금 아이가 억울하다고 소리를 지르면서 울고 있다면 억울한 감정을 읽어주면서 말을 따라 하면 된다.

아이의 생각이 쑥쑥 자라는 **하브루타 부모 교육**

"아 지금 네가 억울하구나."

이런 식으로 계속 반복하면서 3~5번 정도 반복해주는 것이 좋다. 아이의 감정이 어느 정도 진정되었을 때 아이가 하는 말을 따라 하면서 아이의 감정을 읽어주자. 그러면 자연스러운 대화가 시작될 것이다.

2단계는 '나 전달' 대화법을 사용하는 단계이다. 1단계(아이의 마음을 파악하고 읽어주기)를 한 후 아이의 마음이 진정되어서 어느 정도 대화가 진행될 수 있다고 생각이 될 때 그때 바로 엄마의 '나 전달' 대화법이 사용된다. 여기서 부모가 너를 지켜보는 마음이 어땠는지 또는 장난감을 조르는 아이에게 엄마의 생각은 어떤지 이야기해주는 단계이다. 이 단계는 위에서 앞서 설명한 것과 같이 담백하게 부모의 마음만 이야기하면 된다.

3단계는 아이와 의견이 다를 때 사용하는 단계이다. 아이와 의견이 어긋날 때 서로 각자의 의견을 말하고 토론해서 가장 좋은 방법을 선택하는 것이다. 이 단계에서 하브루타가 가능하다. 아이의 의견을 들어주고 부모의 의견을 말하면서 서로 타협점을 찾아 나가는 것이나. 이때 아이가 낸 의견이 말도 안 되고 엉뚱하더라도 무시해서는 안 된다. 또 부모의 의견이 맞다는 생각이 들더라도 자신의 원하는 것을 강요하듯 하면 안 된다. 그것은 하브루타가 아니다. 서로의 의견을 존중해주는 것이 가장 중요하고 만일 이해할 수 없다면,

답답하다는 생각이 든다면 아이에게 질문하자. 왜 이런 의견을 생각했는지, 이 방법을 하면 어떤 장점과 단점들이 있는지 질문해보자. 이것이 바로 하브루타다. 모르면 물어보고 질문하면서 상대방과 자신의 의견이 타협점을 이룰 때까지 토론하는 것이다.

4단계는 제시한 의견 중에서 가장 적합하다고 생각한 의견을 선택해서 실천하는 단계다. 3단계에서 아이와 토론을 통해서 의견을 좁혔다면 그 의견 중에서 부모와 아이의 충분한 합의가 있는 것을 선택해서 실천하는 것이다. 이 단계에서 아이가 자기가 원하는 대로만 우기지는 않을까? 이런 걱정을 하는 분들이 많을 것이다. 그러나 부모가 아이의 의견을 들어주고 같이 머리를 맞대고 해결 방안을 찾으려는 모습만 보여준다면 아이들도 자신의 의견만을 주장하지 않는다. 즉 부모가 아이의 의견을 들어주면 아이도 부모의 의견을 들어준다는 것이다.

하브루타 사이클

1단계

2단계

3단계

4단계

5단계

아이의 생각이 쑥쑥 자라는 **하브루타 부모 교육**

5단계는 실천 후 결과에 대해서 자녀와 다시 토론하는 것이다. 여기서도 하브루타가 가능하다. 만일 지난번에 사용했던 방법이 마음에 들지 않았고 효과적이지 못했다고 생각한다면 서로 또 다른 의견을 내고 다른 방법을 찾는 것이다. 즉 실천 후 마음에 안 들었다면 다시 3단계로 돌아가서 잘못된 점, 부족한 점들을 보완한 방법들을 찾아내는 하브루타를 하는 것이다. 이렇게 계속 단계를 사이클처럼 반복해서 돌아가는 것이다. 반대로 만족스러웠다면 서로 칭찬하면서 서로의 사랑을 확인하는 시간을 가지면 된다. 재밌지 않는가? 이런 식의 대화를 생활 안에서 자녀와 끊임없이 해나가는 것을 일상 하브루타라고 한다.

앞의 대화의 단계를 보면 알 수 있듯이 하브루타는 책만 보면서 하는 것이 하브루타가 아니다. 생활의 전반에 걸쳐서 할 수 있는 것이 바로 하브루타다. 책을 보면서 단순히 지적 능력만을 높이는 것이 하브루타가 아니다. 생활 속의 작은 문제들을 부모와 대화하면서 하나씩 풀어나가는 연습을 하는 것이 바로 하브루타라는 것이다. 이것이 중요한 이유는 이것을 사회에 나가서도 무진장 써먹을 수 있기 때문이다. 이것이 생활화되어 있는 아이들은 상대방에게 나의 의견을 잘 전달할 수 있고, 상대방과 나의 의견을 종합해서 더 나은 해결 방법을 찾아내는 탁월한 문제 해결 능력이 생기는 것이다. 회사건 가정이건 작은 사회 안에서 일어나는 모든 문제를 이렇게 해결해나갈 수 있는 사람은 많은 사람들이 좋아하고 사회에서도 성공할 확률이 높으며 이런 사람이 리더가 될 것이다.

5
아이와의 거리
'제로' 공감법

    앞에서 말한 대화의 1단계는 공감과 매우 밀접한 관계가 있다. 대화의 단계를 설명할 때는 간단하게 설명했지만, 집중적으로 공감을 잘할 수 있는 방법에 관해서 설명하겠다. 공감이 중요한 이유는 공감하지 않으면 아예 대화 자체를 시작도 할 수 없기 때문이다. 누군가가 나의 이야기를 듣지 않고 나의 이야기를 무시한다면 그 사람과 이야기하고 싶은 사람이 누가 있을까? 우리는 이야기를 잘 들어주고 나와 의견이 다르더라도 서로 다름을 인정하고 타협점을 찾아가려고 하는 사람과 이야기하고 싶다. 나의 의견을 무시하는 사람과는 단 한마디도 섞고 싶지 않은 것이 사람 심리이다. 우리 아이들도 똑같다. 부모가 자녀들의 의견을 들을 준비가 되어있고, 그들과 늘 대화할 준비가 되어 있다면 자녀는 언제든지, 어떤 일이든지 부모와 상의하려고 할 것이다. 그러나 부모가 자녀의 말을 듣지 않고 공감해주지 않는다면 그 어떠한 대화도 하고 싶어 하지 않을 것이다.

　사실 아이들은 어리기 때문에 잘못된 판단을 할 수도 있고, 억지도 부릴 수 있고, 말도 안 되는 고집을 부릴 수도 있다. 그렇기에 부모가 자녀의 의견을 들어주지 않는 경우가 많다. 그리고 부모의 판단이 아이의 판단보다 대부분 옳다고 생각되기 때문에 아이의 의견을 무시하기 쉽다. 그러나 아무리 아이가 말도 안 되는 억지 고집을 피운다고 하더라도 아이를 공감해주려고 노력해야 한다. 이 '공감해주어야 한다'는 이야기는 아이의 이야기를 무조건 들어주어야 한다는 의미는 아니다. 우리 부모님들이 아이의 의견을 들어주어야 한다고 말하면 아이가 해 달라는 것을 다 해주어야 한다고 이해하시는 분들이 많은 것 같다. 그러나 그렇지 않다. 아이의 마음이 무엇인지 들어주기만 하면 된다. 아이의 생각이 무엇인지 들어주기만 하면 된다. 이것이 공감의 시작이다. 자녀의 입에서 나오는 모든 목소리를 귀 기울여 들어주는 것을 말한다. 자녀가 입을 열어 재잘거리기 시작하면 이미 부모에게 마음을 열었다는 증거이며, 언제든지 부모와 대화할 준비가 되어있다는 의미이기 때문이다.

　아이의 입을 막는 것은 대화가 아니며 아이의 생각을 입으로 표현하는 것을 막는 것은 하브루타가 아니다. 솔직히 공감은 쉽지 않다. 특히 우리는 공감 받으면서 자란 세대가 아니기 때문에 아이들을 공감해주는 것은 정말 힘든 일일 수 있다. 그러나 우리 아이들을 올바르게 또 건강하게 잘 성장 시키기 위해서 가장 필요한 것은 공감이다. 《당신이 옳다》의 정혜신 작가는 정말로 고통스러워서 죽고 싶을 만큼 끔찍한 일을 겪은 사람들에게 공감은 사람을 살리는 CPR 같은 것이라고 말한다. 이 공감은 마음이 죽어가는 사람을 살릴 수도 있는 아주 특별한 방법이다. 인간에게 공감이 얼마나 중요한지를 더없이 느낄 수 있는 책이다.

앞에서 공감으로 마음이 죽어가는 사람을 살릴 수 있다고 했다. 공감받는 아이들의 마음은 사랑으로 가득 차고, 구름 위를 걷는 것과 같다. 공감 받은 아이의 뇌는 스트레스 지수가 내려가고 정상적이고 이성적인 행동과 사고를 할 수 있게 된다. 이성적으로 사고할 수 있다는 이야기는 아이가 공부할 수 있는 준비가 되었다고 할 수 있다. 마음이 불평과 불만, 불안과 두려움으로 가득 차 있는 아이들은 공부에 집중할 수가 없다. 마음이 편안해야 공부도 잘된다. 그렇기 때문에 우리 아이들에게 공감이 필요하다.

EBS 초대석이란 프로그램에서 소아정신과 전문의 김붕년 박사는 '아이들의 사춘기 시기에 부모가 아이들에게 해주어야 하는 것은 바로 공감이다.'라고 말한다. 그 이유는 사춘기 아이들의 급격한 호르몬 변화로 아이들이 느끼게 되는 가장 큰 감정은 불안이기 때문이다. 특히 사춘기 남자아이들의 호르몬 변화는 직각 90도로 변

아이의 생각이 쑥쑥 자라는 하브루타 부모 교육

하기 때문에 이 시기의 아이들의 뇌는 정말 엄청난 변화를 겪는다는 것이다. 이때 우리 아이들이 반항하고 공격적으로 변하는 이유 중의 하나가 바로 불안 때문이라고 한다. 이 불안을 낮출 수 있는 방법은 바로 공감이다. 부모님이 자신을 이해하고 있다고 느낄 때, 자신이 사랑받고 있다고 느낄 때 불안은 점점 낮아지고 아이들이 이성적으로 사고하고 행동할 수 있는 것이다. 유대인 아이들은 사춘기가 없다고 하는데 아마도 그들은 자녀와 대화하고 공감해주면서 아이들의 불안을 최소화 해주기 때문일 것이다.

김붕년 박사의 말 중에 가장 흥미로운 것은 '아이와 한번 소통하면서 느낀 공감의 느낌은 잊을 수가 없다'라는 말이다. 공감은 부모 쪽에서 아이에게 해주는 것이 아니라 같이 공유하고 느끼는 것이다. 자녀를 위해서가 아니라 자녀와 더불어 나와 온 가족이 행복해지는 일인 것이다. 가족 구성원이 서로서로를 공감해줄 때 부모와 아이의 공감대가 형성되고, 서로 주고받았던 깊은 교감은 잊을 수 없는 기억이 되는 것이다.

공감의 중요성은 아무리 말해도 지나치지 않다. 현대 사회 속에서 엄청난 스트레스를 받고 자라나는 우리 아이들에게 공감을 정말 필요한 것이다. 너무 많은 부모님이 우리 아이들의 마음 상태는 고려하지 않고 오로지 성적과 학원의 개수만을 고려한다. 그 결과 초등학생의 20%가 심각한 정신질환을 앓고 있다는 통계가 있다. 2013년 보건복지부의 발표에 따르면 초등학생 7,700여명을 대상으로 조사한 결과 불안, 공포, 강박 등 정서 문제를 가진 아이가 무려 20%, 비행 청소년 전조 반항적 행동을 보이는 아이들이 11.6%, 정서와 행동이 모두 문제가 되는 아이가 25.8%였다. 지금 우리 아이들에게 학원 몇 개 더 보내는 것이 중요한 것이 아니다. 아이의 마음이 행복할 때 만이 아이의 성적도 올릴 수 있는 것이다. 아이의 마음이 병들어가서 죽고 싶다는 생각만 하게 된다면, 아이의 인생을 망치는 것이다. 즉 지금 우리 아이들에게 가장 필요한 것은 부모의 따뜻한 말 한마디와 공감이다.

6
공감을
잘할 수 있는 방법

그렇다면 공감을 잘할 수 있는 방법은 무엇이 있을까? 공감을 잘하기 위한 몇 가지 방법들이 있다.

1번째 : 포기하지 말고 공감할 수 있을 때까지 질문하라.

2번째 : 상대는 충고와 조언을 바라지 않는다.

3번째 : 주변 환경보다 아이 자체를 집중해서 알아주자.

4번째 : 아이의 감정을 집중해서 알아주자.

5번째 : 부모와 자녀 사이에도 경계가 있다.

6번째 : 나를 희생하지 말고 지켜라.

7번째 : 아이의 말을 리바이벌하자.

– 1번~6번까지 정혜신 박사의 《당신이 옳다》 참조

1번째 : 포기하지 말고 공감할 수 있을 때까지 질문하라

공감을 잘하기 위해서 첫 번째로 질문해야 한다. 예를 들어서 설명하자면 소파 위에 형과 동생이 앉아있다. 형은 책을 보고 있고 동생은 공을 가지고 놀고 있다. 그런데 조금 시간이 지나자 형이 동생을 주먹으로 퍽 치는 사건이 발생했다. 그때 마침 지나가던 엄마가 때리는 모습을 보았다. 이때 엄마들은 어떻게 할까?

"너 왜 동생을 때리니? 형이 동생을 때리면 되니?"

"으앙~~ 엄마 너무해 나는 억울하다고, 나는 억울해."

그리고 형은 바닥을 뒹굴면서 울기 시작한다. 자신은 억울하다는 것이다. 분명히 엄마가 때린 것을 보았는데도 억울하다고 통곡을 하는 형을 보고 여러분들은 어떻게 하실 건가요? 아마 대부분의 부모가 동생을 때린 형을 혼내고 끝이 날 것이다. 그런데 여기서 질문을 해보면 어떨까?

"무슨 일이니? 왜 동생이 우는지 엄마에게 설명해줄래?"

이런 질문은 대성통곡을 하던 아이가 울음을 그치고 자신의 이야기를 하게 만든다. 그리고 형의 입에서 엄마가 알지 못했던 사실들을 알 수 있다. 사실 사건은 동생에게서부터 시작한 것이다. 엄마는 늘 동생을 때리지 말라고 했었기 때문에 형은 동생이 건드려도 참았다. 그것을 알고 있는 동생이 소파 위에서 공을 가지고 놀다가 심심하니까 형을 건든 것이다. 형은 화가 났지만, 엄마가 동생을 때리는 것은 나쁘다고 했기 때문에 참고 또 참았다. 그런데 동생은 보란 듯이 더 형을 괴롭힌다. 급기야는 공을 던져서 형의 머리 위로 맞추

기까지 한다. 참다못한 형이 동생을 한 대 때렸는데 그때 엄마가 본 것이다. 자 여기서 이런 상황을 질문하지 않고 부모가 알 수 있는 방법이 있을까? 상황이 이렇게 된 것이라면 형 입장에서 굉장히 억울한 것은 당연하다. 질문하지 않고는 아이가 왜 억울한 감정을 느끼고 대성통곡을 하는지 우리는 알 수가 없다. 그러기에 알 수 없는 일을 우리는 공감해줄 수 없는 것이다. 이해할 수 없다면 이해할 수 있을 때까지 질문하자. 10번이고 100번이고 포기하지 말고 질문하자. 이것이 공감을 잘해주는 가장 첫 번째 방법이다.

2번째 : 상대는 충고나 조언을 바라지 않는다

우리는 친구들을 만나거나 다른 사람들과 대화할 때 조언하거나 평가하기를 좋아한다. 그런데 대부분의 사람은 자신의 이야기를 듣고 평가하거나 조언해주기를 바라지 않는다. 많은 사람들이 자신의 이야기를 하는 것은 공감해주길 원해서 하는 것이지 충고와 조언을 해주길 원해서가 아니기 때문이다. 그런데 많은 사람들이 자신들은 바라지 않으면서 상대방에게는 충고와 조언을 마구 날린다. 아주 간단한 예를 들어보겠다. 엄마들은 아이를 돌보면서 남편이 오기만을 손꼽아 기다린다. 아이를 보고 있는 동안 내가 얼마나 힘들었는지 또 어떤 일들이 있었는지 남편이 오면 반가움과 함께 많은 이야기를 쏟아낸다. 엄마들이 이런 이야기를 하는 것은 간단하다. 공감받고 싶고 사랑받고 싶기 때문이다.

"아 그랬구나. 당신이 오늘 그렇게 힘들었구나."

이 한마디 기대하고 많은 말을 쏟아내지만, 이성적인 남편들은 충고와 조언을 한다.

"그러게 내가 그거 하지 말라고 했지. 남편 말을 뭘로 듣는거야?"

이 말을 듣는 순간부터 마음이 상해버린 엄마들은 이때부터 남편과의 전쟁이 시작된다. 우리 아이들도 똑같다. 아이들이 이야기하는 것 또한 어떠한 문제를 해결해 달라고 하는 것보다는 자신의 마음을 이해해주길 바라서 말하는 경우가 더 많다. 그때 이해해주지 않고 충고와 조언을 날리는 순간 아이는 귀를 닫고 마음을 닫아버린다. 그래서 매일같이 잔소리해도 아이들이 똑같은 짓을 반복하는 이유가 여기에 있다.

3번째 : 주변 환경보다 아이 자체를 집중해서 알아주자

정혜신 박사는 공감을 이렇게 정의하고 있다. '공감은 존재와 존재 자체가 만나는 것이다'라고 말이다. 즉 공감은 한 사람의 존재 자체를 인정해 주는 것이다. 한 사람의 존재 자체를 인정해주는 것처럼 사람을 변화시키고 치유해 주는 것이 없다.

일제 강점기 때 평안도 정주에 오산학교를 설립한 이승훈 선생의 이야기이다. 이승훈 선생은 노비 출신으로 주인의 요강 닦는 일을 했다. 오랫동안 이승훈 선생의 모습을 보고 주인은 "요강 닦는 모습만 봐도 너는 큰 인물이 될 것이다"라고 하면서 이승훈 선생에게 공부할 것을 주선했다고 한다. 이것이 이승훈 선생이 될 수 있었던 시발점이라고 할 수 있다. 워낙 이승훈 선생의 특별함도 있

었겠지만, 주인이 그 특별함을 인정하지 않았다면 어떻게 되었을까? 주인이 이승훈 선생을 주종 관계로서 본 것이 아니라 사람 대 사람, 존재와 존재로서 만나고 인정했기 때문에 지금 우리들이 기억하고 있는 한국의 교육자이면서 독립투사인 이승훈 선생이 탄생할 수 있었다. 단 한 사람의 인정이 노비를 민족의 영웅으로 거듭나게 만든 것이다.

이처럼 우리 아이를 둘러싼 많은 사건과 일들로 아이를 판단하고 규정하지 말고 아이 존재 자체에 집중해 줄 때 우리 아이는 성장한다. 한 사람의 주위에서 일어나는 사건을 기준으로 판단하고, 어떠한 잣대로서 사람을 대하지 않고 그냥 존재와 존재 자체로서 인정해 주어야 한다. 요강 닦는 노비에 집중한 것이 아니라 이승훈이란 사람 자체를 인정해 준 것처럼 말이다. 우리는 아이가 한 일이 아니라 우리 아이 자체에 집중해야 한다.

4번째 : 아이의 감정을 집중해서 알아주자

이것은 아까 첫 번째 예를 들었던 것으로 돌아가 보자. 아이가 현재 억울하다고 드러눕고 화를 내고 소리를 지를 때 그 아이의 감정을 인정해주는 것이다. "아! 네가 억울하구나." 이렇게 아이가 느끼는 감정을 집중해서 알아주는 것이다. 감정을 알아주는 것이 중요한 이유가 있다. 인간은 굉장히 감정적인 동물이다. 그러기에 인간의 감정을 인정받지 못했을 때 사람은 존재 자체를 부정당한 느낌을 받는다. 즉 '나'라는 한 사람의 존재 자체가 부정당한 것처럼 느껴진다는 것이다. 그러기에 아이나 성인이나 자신의 감정을 인정받지 못할 때 굉장한 분노와 절망감을 동시에 느끼게 된다. 반대로 감정을 인정받았을 때 인간은 한 존재로서 존중받는 느낌을 받는다. 예를 들어서 누군가가 당신의 감정을 이해해주고 받아준다면 당신은 어떤 느낌을 받을까? 아마도 그 사람이 나를 인정해주고 있다고 느끼며 따뜻함을 느끼고 행복함을 느낄 것이다. 이런 느낌을 받을 때 사람은 자신의 존재 자체를 긍정하게 된다. 이것이 자존감에 굉장한 영향력을 행사한다. 그렇기 때문에 부모님들이 자녀들의 감정을 알아주고 인정해주는 것은 매우 귀한 작업이다.

5번째 : 부모와 자녀 사이에도 경계가 있다

앞에서 공감은 '존재와 존재 자체가 만나는 것이다'라고 말했다. 여기에는 너도 있고 나도 있는 것이다. 그러나 이것을 혼동하기 시작하면 정말 엄청난 비극이 초래된다. 부모가 사랑이란 이름으로 하나, 둘 아이의 인생을 참견하기 시작한 것이 나중에는 아이의 인생 전체를 통제하려 들기 때문이다. 진정한 사랑은 나도 있고 너도 있다는 것을 인정하는 것이다. 부모도 있지만, 자녀도 있는 것이다. 나의 의견도 있지만 너의 의견도 있는 것이다. 그런데 이것을 혼동하면서 대부분의 많은 부모님이 자녀들의 의견이나 감정을 씹어먹어 버린다. 그리고 사랑이란 이름으로 아이의 모든 행동을 통제하고 자신이 시키는 일만 하기를 바란다. 나는 이처럼 끔찍한 일이 없

아이의 생각이 쑥쑥 자라는 하브루타 부모 교육

다고 생각이 든다. 한 인격체로서, 한 독립된 존재로서 살아가는 것을 방해하는 것이 진정한 사랑이라고 말할 수 있는가? 이것은 자신의 이기심을 위해서 상대방을 희생시키는 것과 같다.

故 전성수 박사님은《복수 당하는 부모들》에서 이런 사랑을 '스토커의 사랑'이라고 말한다. 정말 끔찍하지 않은가? 스토커들이 하는 일은 사랑이란 이름으로 그 사람을 통제하고 몰래 뒤쫓아 다니고 협박하다가 사랑이란 이름으로 죽이기까지 한다. 우리 부모들의 사랑이 아이들에게 이런 스토커의 사랑과 다를 바 없다는 것이 더욱 충격적이다. 그 대표적인 사례가 바로 헬리콥터 맘, 그리고 마마보이의 엄마이다. 이들은 아이의 모든 것을 통제하면서 만족감을 느낀다고 한다. 어떻게 보면 독재자와 비슷한 것이다. 이런 부모들이 사랑이란 이름으로 아이들을 꼭두각시로 키운 것이 사회적인 문제가 될 정도다. 아이들에게 이런 부모는 사랑이란 이름으로 아이의 목을 조여 오는 피할 수도 없는 올가미와 같다.

이 헬리콥터 맘과 같은 사람들이 실수한 것은 바로 부모와 자녀 사이에도 경계가 있다는 것을 망각했다는 것이다. 우리 인간은 서로 무언의 경계를 가지고 있다. 그래서 어느 선까지는 상대방에게 피해를 주는 행동을 한다거나 무례한 행동을 해서는 안 된다는 것을 본능적으로 알 수 있다. 남에게는 이런 선을 아주 잘 지킨다. 그러나 가장 사랑하는 자녀와 가족에게는 이 선을 지키지 않고 마구 침범한다. 그래서 가족인데, 사랑하는 자녀인데도 학대하고 폭력을 행사하는 가정 또한 적지 않다. 가족을 나의 것으로 종속시키는 순간부터 발생하는 문제라고 본다. 가족은 나의 것이 아니다. 나와 함께 공존하는 존재들의 집합인 것이다. 그러기에 그 안에서도 일정한 경계가 필요하다.

예를 들어서 학교 가는 것은 아이의 문제인가? 부모의 문제인가?, 숙제하는 것은 부모의 문제인가? 아이의 문제인가?, 대학에 가는 것은 자녀의 문제인가? 부모의 문제인가? 잘 생각해보자. 월권을 침범해서는 안 된다. 아무리 사랑하는 자녀라 할지라도 경계를 마구 침범하는 순간부터 공감은 물 건너간다.

6번째 : 나를 희생하지 말고 지켜라

이것 또한 5번째와 아주 동일 선상에서 이해할 수 있다. 끝도 없이 경계를 침범하는 사람을 우리는 수시로 만나고 있다. 그것이 부모건, 배우자이건, 친구나 직장 동료건 세상에는 끝도 없이 나의 경계를 침범하려고 하는 사람들로 가득하다. 그러기에 이런 사람들로부터 나 자신을 지켜내야 공감도 가능하다. 나를 지켜내지 못하면서 그 누구도 공감해줄 수 없다. 그것이 가장 사랑하는 자녀라 할지라도 말이다. 나 자신을 지키기 위해서는 자신을 잘 뒤돌아 보아야한다. 실제로 많은 사람들이 자신이 침해당하는지도 모르고 산다.

우리 부모님들이 자신을 지켜야 하는 이유는 바로 컨트롤하기 위

아이의 생각이 쑥쑥 자라는 하브루타 부모 교육

해서다. 나 자신을 컨트롤할 수 없다는 이야기처럼 무서운 것은 없다. 언제 터질지 모르는 시한폭탄과 같은 것이다. 실제로 같이 있으면 언제 터질지 모르는 폭탄과 같은 사람이 정말 많다. 이런 사람 주위에는 되도록 가고 싶지 않을 것이다. 아이들도 마찬가지다. 자신을 컨트롤할 줄 모르는 부모 밑에 있는 아이들은 늘 불안할 수밖에 없다. 그런 아이들은 늘 부모의 눈치를 보느라 자신의 감정과 마음을 돌볼 겨를이 없다. 또 언제 화낼지 모르는 부모에 대한 두려움과 공포심으로 가득하다. 자녀들에게 일관된 모습을 보여두기 위해서는 부모 스스로를 컨트롤할 수 있어야 한다. 자신을 컨트롤하기 위해서는 자신을 자꾸 들여다 보아야한다. 자신을 자세히 들여다보고 관찰한 사람만이 자신을 컨트롤할 수 있고, 다른 사람에게서 자신을 지켜낼 수 있다.

7번째 : 아이의 말을 리바이벌 하자

이것은 아이가 하는 말을 따라 하는 것이다. 아이가 자신의 이야기를 할 때 그 아이의 말을 따라하면 아이는 부모가 자신의 말을 듣고 있다고 느끼고 집중하고 있다고 느낀다. 그러면 아이는 더욱 신이 나서 부모에게 많은 말을 하게 된다. 또는 아이의 마음이 금방 풀리고 문제가 해결된다. 공감의 방법 중 이 방법이 가장 쉬운 방법이라고 생각한다. 그러나 건성으로 하면 안 되고 진심에서 우러나와 공감해주고 있다는 것을 아이가 알 수 있도록 해야 한다. 아이도 바보가 아닌 이상 부모의 목소리 톤, 억양, 표정 등을 통해서 정말 부모가 자신의 마음을 알아주고 있는지 확인한다. 그런데 건성으로 한다면 아이는 부모의 마음이 진심이 아니라는 느낌을 받을 것이다.

공감을 잘하기 위한 방법을 설명했지만 그런데도 '힘들고 어렵다'라고 생각하시는 분들도 있을 것이다. 이것은 그런 분들을 위한 '꿀팁' 같은 것인데 모두가 잘 알고 있는 것이지만 하지 않는 것이기도 하다. 아이들을 공감해주어야 한다는 것은 알지만 어떻게 공감해주어야 할지 모르는 엄마들에게 먼저 자신을 공감해주는 연습을 해보라고 말하고 싶다. 그 이유는 나 자신을 공감해주지 않으면서 다른 사람을 어떻게 진심으로 공감해 줄 수 있을까? 그것이 내 아이라 하더라도 진심에서 공감해 줄 수 있는 마음의 여유가 생기지 않는다. 이것은 내가 경험해 본 결과 확실하게 말할 수 있다. 진심으로 부모 자신을 먼저 공감해주고 그다음에 아이를 공감해주어야 진짜 공감할 수 있다. 이런 공감이 있고 난 뒤에 우리 아이들과 대화와 토론을 더 깊게 발전시켜 나갈 수 있다.

〈나 자신을 공감해주는 법〉

자 그럼 자신을 어떻게 공감해줄 수 있는가? 아주 작은 것부터 시작하면 된다. 눈을 감고 생각해보자. 내가 가장 힘들고 어려웠을 때, 정말 가만히 있어도 눈물이 주룩주룩 나면서 '죽고 싶다'는 생각이 들 정도로 힘들었을 때를 생각해보자. 사람이라면 정말 힘들고 인

아이의 생각이 쑥쑥 자라는 **하브루타 부모 교육**

생의 위기라고 느낄 때가 분명히 있었을 것이다. 그때의 당신의 마음이 어땠는지 떠올려보자. 그리고 자신에게 말해보자.

"많이 힘들었구나. 너무 힘들었겠다."
"그렇게 힘든 시간을 어떻게 보냈니? 정말 장하다"
"그때 너의 마음을 아무도 알아주는 사람이 없어서 많이 슬펐구나. 이해해. 얼마나 슬펐을까?"

이렇게 자신을 위로해보자. 자신을 공감해준다는 것의 장점은 자신에게 몰려드는 끔찍한 생각과 고통스러운 마음을 수시로 공감해줄 수 있다는 것이다. 아무리 친한 친구도 배우자도 이렇게 나를 수시로 공감해줄 수 없다. 나를 진정으로, 진심으로 공감해줄 수 있는 사람은 나밖에 없는 것이다. 이것을 알고 나면 굉장히 홀가분하고 행복해진다.

당신의 아이를 공감해주고 싶다면 먼저 자신을 공감해야 한다. 그 뒤 아이를 공감해줄 때 기적이 일어날 것이다. 나는 나 자신을 공감해주기 시작하면서 오랜 우울증에서 벗어났고, 나를 이해하고 받아들일 수 있었다. 이것은 나에게는 엄청난 변화였다. 이런 변화가 있은 뒤부터 나는 아이들에게 웃어줄 수 있었다. 그전까지 내 불행을 감추기 위해서 노력하느라 아이들을 보고 웃어줄 만한 여유가 없었다. 그러나 이것을 한번 벗어나니 우리 아이들을 위해서 편하게 웃어줄 수 있어서 너무 좋았다. 지금의 부모 세대는 대부분 공감을 받지 못하고 자란 세대기 때문에 우리 아이들을 공감해주기 너무 힘들다는 것을 알고 있다. 나도 그랬다. 그래서 더더욱 자신을 공감해주어야 한다. 자신을 공감해주고 그 공감을 받을 때의 느낌이 어떤지 한번 느껴보자. 이런 느낌을 아이들에게도 받게 해주고 싶을 것이다.

7
대화의
실천 사례

　게임을 하고 싶어 하는 아이와 게임을 못 하게 막는 아빠.

　아이는 게임을 못 하게 하니 울고불고, 아빠는 절대로 게임을 하지 못하게 하겠다고 단단히 화가 나 있는 이 상황 어떻게 하면 좋을까?

　먼저 아이의 마음을 알아주는 것이 급선무다.

아이 : 엄마! 아빠가 게임을 못 하게 해요. 나 게임 하고 싶단 말이야.

엄마 : 네가 게임이 많이 하고 싶구나.

아이 : 네, 지금 친구들하고 한참 경기 중이었는데 아빠가 뺏어가서 게임을 종료시켜버렸어요. 거기다가 게임까지 모두 지워

버렸다고요.

엄마 : 아빠가 게임을 뺏어서 종료시킨 것도 모자라 모두 지워버
    려서 화가 났구나.

아이 : 네 맞아요. 친구들 다 있는 데서 그러면 내 입장이 뭐가
    돼요.

엄마 : 친구들하고 함께 하던 건데 아빠가 뺏어가서 곤란했구나.

아이 : 거기다가 아빠도 게임하잖아요. 아빠는 게임 하면서 왜 나
    는 안 돼요?

엄마 : 아 아빠도 게임 하면서 너는 못 하게 해서 억울하구나.

아이 : 네 맞아요.

여기까지 아이의 마음을 알아주는 단계다. 이것은 아이의 마음이
풀릴 때까지 계속하는 것이 좋다. 3회에서 5회 정도 하는 것이라고
말하지만 그 이상 하는 것이 좋다. 그리고 아이가 너무 흥분한 상태
라면 기다렸다가 아이의 마음을 읽어주자. 그럼 효과가 더 좋을 것
이다. 그다음 단계가 '나 전달' 단계다. 아이의 이야기를 들어주기만
하던 엄마가 처음으로 자기 생각을 이야기하는 것이다.

엄마 : 네가 지금 게임을 못 해서 속상한 마음을 엄마도 어느 정
    도는 이해해. 그런데 엄마도 네가 게임을 너무 많이 하는 것 같
    아서 속으로 많이 걱정했거든.

아이 : 나는 아빠가 싫어요. 아빠는 무조건 아빠 마음대로야.

아이의 생각이 쑥쑥 자라는 **하브루타 부모 교육**

엄마 : 음, 아빠가 맘대로 게임을 못 하게 해서 아빠가 싫구나. 그런데 엄마는 요즘 게임은 폭력적이고 자극적인 것들이 너무 많아서 너한테 안 좋은 영향을 줄까 봐 걱정이야.

아이 : 엄마 걱정하지 말아요. 그 정도는 나도 알아요. 그리고 이 게임은 우리 반 애들이 모두 다 하는 게임이에요.

엄마 : 그렇구나. 친구들이 모두 다 하는 게임이구나.

아이 : 그래요.

엄마 : 솔직히 엄마는 아빠가 너무하다고 생각하긴 하지만, 네가 엄마 얼굴은 쳐다도 안 보고 게임을 할 때마다 엄마는 많이 속상했어. 엄마는 네가 학교에서 어땠는지 친구들하고 어떤 일들이 있었는지 궁금하고 너와 이야기하고 싶거든.

아이 : 그래요? 음.. 그래도 나는 게임이 더 좋은데.

이때부터 3단계에 들어간다. 여기서 일상 하브루타가 시작된다.

엄마 : 그럼 엄마는 네가 게임을 안 하고 엄마랑 이야기했으면 좋겠고 너는 게임을 계속했으면 좋겠고 어떻게 하면 좋을까?

아이 : 글쎄요. 아. 그럼 엄마 이렇게 하면 어때요? 엄마랑 얘기하는 시간을 매일같이 정하는 거예요. 그리고 그 시간에는 대화하고 나머지는 내가 게임 하면 되잖아요.

엄마 : 그래 그런 방법도 있지. 그런데 엄마는 네가 너무 게임을 많이 해서 게임 중독이 될까 봐 그것도 많이 걱정이야.

아이 : 음.. 그럼 제가 학교 다녀와서 게임을 2시간만 할게요. 나머지는 밖에 나가서 놀아야 하고 또 숙제도 해야 하니까 이 시간 빼고, 엄마랑 대화하는 시간 빼고, 나머지 시간만 게임을 하는 거죠. 어때요?

엄마 : 그래 그거 좋은 생각이구나. 그런데 요즘 미세먼지 때문에 밖에 나가서 놀지 못할 때는 어떻게 하면 좋을까? 그때는 계속 집에만 있어야 하는데.

아이 : 음.. 그 생각은 못 했네요.

엄마 : 엄마가 요즘 연구한게 있는데 그 시간에 엄마랑 같이 해 보는 건 어때?

아이 : 에이 그럼 엄마 공부하라는 거잖아요.

엄마 : 그래? 그건 공부하는 건 아닌데 음.. 그게 싫다면..

아이 : 그러면 남는 시간을 반으로 쪼개서 반은 엄마가 하고 싶은 걸 하구요. 나머지 반은 제가 하고 싶은 걸 하구요.

엄마 : 네가 하고 싶은 거라면?

아이 : 당연히 게임이죠. ㅋㅋ

엄마 : 이런이런… 그럼 2시간 약속을 잘 지킨다면 반반씩 서로 하고 싶은 걸 하자. 참 그런데 2시간 약속을 네가 지키지 않으면 어쩌지?

아이 : 지킬게요.. 엄마

엄마 : 엄마는 2시간 약속을 잘 지켰을 때 너에게 혜택이 돌아가는 약속을 해줬으니까 너도 약속을 못 지켰을 때 어떻게 할 건

아이의 생각이 쑥쑥 자라는 **하브루타 부모 교육**

지 약속해줬으면 좋겠어.

아이 : 좋아요. 그럼 2시간 약속을 못 지키면 음… 설거지 할게요

엄마 : 에이 그건 좀 약하다. 게임 약속 안 지키고 설거지하면 된
　　　다고 생각할 거 아냐.

아이 : 그래요? 음 그럼 다음날 게임을 못 하는 걸로 할게요.

엄마 : 하루? 일주일 동안 게임을 못 하는 건 어때?

아이 : 에이 그건 너무 심하다, 엄마.

엄마 : 그런가? 그럼 3일.

아이 : 2일.

엄마 : 그래 그럼 2일 게임을 못 하는 걸로 약속.

아이 : 좋아요. 근데 아빠한테는 어떻게 말하죠?

엄마 : 아빠 계실 때 이 이야기 한 번 더 해보자. 그리고 아빠가
　　　오케이하면 하는 걸로.

아이 : 아빠가 안된다고 하면요?

엄마 : 엄마가 잘 얘기해 볼게

아이 : 고마워요. 엄마.

엄마 : 엄마도 고마워. 엄마 이야기 들어줘서.

이 단계에서는 계속 부모와 아이의 입장을 고려해 가면서 대안
을 제시하고 있다. 대안을 제시하면서 상대방의 의견이 싫다면 그
자리에서 바로바로 자신의 의견을 낼 수 있도록 분위기를 부모님
께서 만들어 주어야 한다. 너무 강박적인 분위기로 이끌어나간다

면 아이가 자신의 이야기는 하지 않고 부모가 원하는 대로 한다고 말은 할 것이다. 그리곤 나중에 돌아오는 것은 갈등 상황만 다람쥐 쳇바퀴 돌 듯이 다시 돌아올 것이다. 그래서 이런 의견을 주고받을 때 아이의 자발적 의견이 포함되어야 한다. 그래야 아이도 지키고 싶은 마음이 생기며, 부모와의 약속에서 자신이 원하는 것을 얻기 위해 노력할 것이다. 이 대화의 예시를 잘 살펴보고 여러분의 가정에 맞게 적용해 보자. 이렇게 대화를 바꾸었을 때 여러분의 가정에 어떤 변화가 생기는지 기록하는 것도 좋을 것이다.

아이의 생각이 쑥쑥 자라는 **하브루타 부모 교육**

동화로 보는 하브루타의 특징

– 하브루타의 기본은 대화다

《알사탕》 백희나

솔직히 알사탕은 너무 유명해서 다른 책을 넣으려고 하다가 고심 끝에 알사탕을 넣었다. 알사탕이 유명한 데는 다 그만한 이유가 있다. 이 책만큼 재밌으면서도 대화의 중요성을 이야기할 수 있는 동화책이 거의 없다. 하브루타는 대화 중심의 교육이기 때문에 대화의 중요성은 앞서 많이 설명한 것처럼 굉장히 중요하다. 이런 하브루타에 가장 알맞은 그림책이 바로 알사탕이다. 이 책의 주된 내용은 혼자 노는 동동이의 대한 이야기다. 동동이가 사탕을 먹고 주변 사물들과 또 아빠와 할머니까지 대화를 하면서 동동이의 변화되는 모습을 담고 있다. 이렇게 대화를 하고 난 동동이는 한층 밝아져서 마지막엔 용기를 내어서 친구에게 같이 놀자고 손을 내미는 장면으로 마무리한다. 이 동화책을 통해서 우리 아이들에게 가장 필요한 것은 지금 당장 부모님과의 대화라는 것을 알 수 있다. 또 이 대화라는 것이 사람의 마음을 치유하고 변화시킨다는 것을 아이들과 이야기할 수 있어서 좋다. 이 알사탕은 빠르게 급변하는 시대에 사는 우리 아이들의 실상을 리얼하게 표현하면서도 재밌는 상상을 할 수 있는 여러 가지 요소들을 가지고 있다. 특히 한국 작가의 작품이기에 한국인의 정서에 딱 맞아서 더욱더 좋았다. 이 동화책을 읽으면서 아이들과 대화란 어떤 것이고 대화를 하게 되면 어떤 점들이 좋은지 이야기해보길 바란다.

내용 하브루타

- 동동이는 왜 혼자 놀까?
- 동동이는 왜 알사탕을 샀을까요?
- 주인집 아저씨는 알사탕이 마법의 사탕인지 알고 있었을까요?
- 알고 있었다면 왜 동동이에게 알려주지 않았을까요?
- 동동이의 아빠는 왜 그렇게 잔소리만 할까요?
- 왜 동동이는 아빠를 안고 사랑한다고 말했을까요?
- 네 번째 사탕은 왜 할머니의 목소리를 담아서 보내줬을까요?
- 동동이의 할머니는 어디 계신 걸까요?
- 동동이의 엄마는 왜 안 나올까요?
- 동동이에게 할머니는 어떤 존재일까요?
- 할머니와 대화하고 동동이는 어떤 마음이 들었을까요?
- 할머니가 동동이에게 친구들과 잘 뛰어놀라고 한 이유는 뭘까요?

마음 상상 하브루타

- 혼자 놀면 기분이 어떤가요?

- 혼자 논 적이 있나요?

- 친구들과 함께 노는 것과 혼자 노는 것의 차이는?

- 동동이의 소파가 방귀 좀 뀌지 말라고 했을 때 동동이는 어떤 생각이 들었을까요?

- 두 번째 사탕을 먹고 동동이의 강아지가 말을 했을 때 동동이의 마음은 어땠을까요?

- 동동이가 세 번째 사탕을 먹고 아빠의 사랑의 마음을 알게 되었어요. 여러분의 부모님이 사랑한다고 말하고 안아주면 어떤 느낌이 들었나요?

- 여러분은 부모님의 잔소리가 사랑으로 들린 적이 있나요?

- 동동이가 처음 사탕을 먹었을 때 이상한 소리가 들렸어요. 그때 동동이는 어떤 느낌과 생각이 들었을까요?

- 동동이의 소파가 이야기하는 것처럼 여러분 집의 소파가 말을 한다면 어떤 말을 할까요?

- 여러분 집에 강아지가 말을 걸어온다면 여러분은 강아지와 어떤 대화를 하고 싶나요?

- 동동이가 8년이나 같이 산 강아지와 처음으로 대화를 해서 오해를 풀었을 때 어떤 느낌을 받았을까?

- 왜 부모님은 잔소리를 하는 걸 까요?

- 잔소리를 자꾸 들으면 여러분은 어떤 마음이 드나요?

- 잔소리를 자꾸 하는 부모님의 마음은 도대체 어떤 마음일까요?

- 여러분은 어떤 마음으로 부모님이 이야기해 주길 바라나요?
- 여러분은 여러분이 먼저 부모님에게 사랑한다고 안아드린 적이 있나요?
- 단풍잎들이 '안녕'이라고 말했을 때 동동이의 마음은 어땠을까?
- 이 동화에서 동동이에게 사탕은 어떤 의미일까?
- 사탕은 동동이의 마음에 어떤 변화를 가져다 준걸까?
- 왜 마지막 사탕에서는 아무런 소리가 나지 않았을까?
- 혼자만 놀던 동동이가 친구와 같이 놀자고 먼저 말한 이유는 뭘까?
- 대화는 사람에게 어떤 작용을 할까?
- 동동이는 사탕을 통해서 무엇을 하게 되었나요?
- 여러분에게는 동동이의 사탕과 같은 것이 있나요?
- 여러분의 마음을 따뜻하게 해줄 대화, 말은 어떤 것들이 있을까요?
- 왜 인간은 대화하면서 살아야 할까요?
- 대화가 중요한 이유는?
- 대화로 상처받은 마음이 치유될 수 있을까?
- 대화로 잘못된 생각과 행동을 고칠 수 있을까?
- 사랑하는 사람에게 우리는 어떤 대화를 해야 할까요?
- 동동이가 친구에게 같이 놀자고 용기 낼 수 있게 해 준 것은 무엇일까요?

실천 하브루타

- 여러분은 친구에게 같이 놀자고 용기 내서 말한 적이 있나요?
- 같이 놀자고 했을 때 친구의 반응은 어땠나요?
- 친구들도 같이 놀 수 있는 친구가 필요할까요?
- 여러분은 아주 친한 친구랑 놀면 어떤 느낌이 드나요?
- 친구들이 여러분의 마음을 알아주고 이해해 준다면 여러분은 어떤 생각과 느낌이 들까요?
- 여러분의 마음을 알아주는 친구가 있나요?
- 여러분은 부모님이나 친구의 마음을 알아준 적이 있었나요?
- 여러분의 부모님이나 친구의 마음을 이해해 주고 공감해 준다면 부모님이나 친구들은 어떤 반응을 할까요?
- 사람에게 감정이란 어떤 것일까요?
- 감정에는 어떤 것들이 있나요?

양심 하브루타

- 동동이 아빠의 말과 행동으로 인해 상처받은 사람은?
- 동동이의 말과 행동으로 인해 상처받은 친구는 누구인가요?
- 여러분의 말과 행동으로 상처를 준 친구가 있나요?
- 동동이는 함께 산 8년 동안 구슬이를 잘 배려하는 친구였나요?
- 여러분은 동생들이나 친구들을 잘 배려하는 친구인가요?
- 오늘 너무 내 욕심만 부린 것은 없나요?
- 일부러 친구들을 괴롭히거나 거짓말을 한 적은 없나요?

- 여러분은 여러분 마음에 찔리는 나쁜 짓을 한 적이 있나요?
- 동생이나 친구들을 배려하지 않는다면 어떤 일들이 일어날까요?
- 만일 여러분이 친구들에게 배려하는 마음을 보여준다면 친구들은 어떤 마음이 들까요?
- 배려란 어떤 뜻인가요? 어떻게 행동하는 것이 배려인가요?

하브루타의
종류

3장

1
말 문을 열어주는
동화 하브루타

동화 하브루타란 간단하다. 동화책을 읽고 아이와 하브루타를 하면 된다. 이런저런 이야기를 주고받아도 되고 질문과 답을 주고받아도 된다. 동화책에 관련된 이야기를 해도 되고, 동화책이 아닌 다른 엉뚱한 이야기를 해도 된다. 동화 하브루타는 아이의 입을 열고질문을 익숙하게 만들기 위한 하나의 기초 작업이라고 보면 된다.또 다른 면에서 동화 하브루타는 엄마가 가장 에너지를 적게 쓰면서 효과는 배로 얻을 수 있는 일종의 놀이라고 나는 생각한다. 한국사회에서 아이들과 놀아주는 아빠들이 점점 많아지고 있긴 하지만그래도 아직도 육아는 온전히 엄마의 몫이다. 요즘 맞벌이 부부들도 꽤 많아서 집에 오면 집안일에 아이들과 놀아줄 시간 자체가 없다. 그러면 아이들은 엄마에게 더욱 매달린다. 아이들 입장에서 생각해보면 그 아이들은 부모와 함께 하는 시간이 필요하고 사랑받고

아이의 생각이 쑥쑥 자라는 하브루타 부모 교육

있다고 느끼는 시간이 필요한 것이다. 그렇다면 어떻게 해야 할까?

우리 아이에게 몸으로 놀아주고 밖에 나가서 놀아주는 것이 가장 좋지만, 그것과 맞먹을 정도로 재밌고 즐거운 시간이 있다. 그것이 바로 동화다. 동화 하브루타의 장점은 부모에게 또 아이에게 전혀 부담이 없다는 것이다. 동화책이란 것이 재밌고 즐겁기 때문이다. 질문도 아이들의 수준에서 아주 즐겁게 주고받을 수 있기 때문에 아이에게 거부반응 없이 부모가 대화를 이끌어 갈 수 있기 때문이다. 이 동화를 엄마의 재밌는 말투, 표현, 눈빛, 몸짓을 적절히 섞어가면서 읽어주면 아이는 책 속의 세상으로 빨려 들어간다. 그리고 부모의 따뜻함과 사랑받고 있다는 느낌 또한 같이 받을 수 있다. 거기에다 하브루타 질문 하나씩 보태면 금상첨화다.

내가 어린이집에서 일을 하고 있을 때의 일이다. 어린이집에서 4살인데도 말을 한마디도 하지 못하는 아이가 왔다. '엄마 아빠'도 하지 못했으니 제 또래 아이들보다 지능 발달이 늦어도 한참을 늦은 것이다. 그런데 그 아이가 유일하게 집중하는 시간이 바로 동화책 읽어주는 시간이었다. 그때 나는 하브루타란 것도 모르고 있었다. 그냥 아이들에게 실감 나게 읽어주기만 했는데 그 아이의 눈이 똥그래지면서 마치 애니메이션을 보는 것처럼 집중하고 즐거워했다. 그리고 계속 그 동화책을 읽어 달라고 나를 쫓아다니기까지 했다. 정말 재밌었던 모양이다.

이처럼 아이들은 동화책을 읽으면서 굉장한 몰입을 경험한다. 그 시간이 아이들에게 상상력을 발휘하면서 동화 속 세상에 빠져들게 만드는 마력 같은 시간이 된다. 그 시간을 충분히 경험하게 해 줌으로써 아이에게 책을 읽는 것은 매우 즐겁고 재밌는 것이라고 생각하게 만들 수 있다. 동화를 읽는 중간중간 아이에게 질문을 너무 많이 던지면 동화의 흐름과 스토리를 아이가 느끼고 상상하는 흐름이 딱 끊기고 만다. 그러니 동화에서 주는 즐거움도 반감이 될 수밖에 없다. 처음 한 번을 쭉 읽어서 아이와 동화에서 주는 즐거움을 맘껏 느낄 수 있게 해주고, 질문은 그다음부터 하는 것이 좋다. 처음 질문은 간단한 것으로 하나 두 개씩 편안하게 하는 것을 추천한다. 그리고 아이가 대답하던 안 하던 그냥 넘어가는 것이 좋다.

처음에는 동화책을 읽어주고 질문 한 개씩 주고받는 것으로 시작하되 이것이 점점 익숙해지면 아이가 입을 열고 충분히 떠들 수 있도록만 해주면 된다. 그러면 아이가 그동안 받았던 스트레스를 입으로 다 해소할 수 있는 시간이 된다. 처음엔 부모도 익숙하지 않기 때문에 무리하지 않길 바란다. 하지만 익숙해졌다면 엄마의 입은 다물고 아이가 입을 열어 자기 맘대로 떠들 수 있도록 유도하면서 동화 하브루타를 하자. 아이들이 입을 열면 엄마와 함께하지 못해서 받은 설움과 스트레스를 날리는 효과가 있기 때문이다.

그렇다면 어떤 동화책이 좋을까?
동화책을 위인전이나 학습 위주의 동화책을 전집으로 들여놓는

아이의 생각이 쑥쑥 자라는 **하브루타 부모 교육**

엄마들이 있다. 아이들을 위한 마음을 알겠지만 입장을 바꿔 놓고 생각해보자. 영어 못하는 엄마에게 영어를 공부하라고 남편이 거실 한쪽 벽면을 영어책으로 도배를 해놓고, 매일같이 읽고 독후감을 쓰라고 한다면 어떨까? 아마도 그 벽면만 쳐다봐도 숨이 막힐 것이다. 이것은 아이들에게 도움이 전혀 되지 않는다. 특히 어릴수록 학습 위주는 피하길 바란다.

그럼 어떤 동화책이 좋을까? 아이가 깔깔거리면서 웃을 수 있는 책, 아이가 동화 속 주인공과 자신을 동일시할 수 있는 책, 동화의 내용이 밝고 행복한 내용이 많은 책을 선택하길 바란다. 처음 동화책을 고르러 도서관을 갔을 때 정말 난감했다. 어디서부터 어떻게 책을 찾아야 할지 몰랐고 그중에서 재밌고 완성도 높은 책을 찾는 것은 정말 어려운 일이었다. 그 많은 동화책 중에는 정말 재미없고 이상한 동화책도 굉장히 많았다. 네이버 카페 '그림책 하브루타 부모교육 연구소'에서 동화책 고를 시간도 없고 여유도 없는 사람들을 위해서 10분 동화 하브루타라는 프로그램을 만들어서 1주일에 한 번씩 메일로 발송해주고 있다. 요즘 동화책은 정말 어른이 봐도 손색이 없을 정도의 수준 높으면서 아이들의 감성을 건드리는 동화책들이 많이 나오고 있다. 이런 책들을 어릴 적부터 읽어주기 시작하면 독서는 즐겁고 행복한 것으로 여기며 자랄 것이다. 이런 아이가 나중에 지식 위주의 책을 보아도 아무런 거부감 없이 책을 볼 것이다.

아이들에게 동화를 읽어줄 때 되도록 웃긴 표정과 간단한 액션들을 취하면서 읽어주는 것이 좋다. 아이가 흥미와 호기심이 생기고 즐겁다고 생각하면 몇 번 읽어주지 않았는데도, 한글을 읽지 못하는데도 불구하고 동화책을 통째로 외운다. 막내 예솔이에게 개구쟁이 아치라는 책을 한동안 읽어주었다. 그때 우리 예솔이 4살이었고 한글도 모르던 때였다. 책이 20권 정도가 되는데 그 책들을 다 외우는 것이다. 아이가 책 읽을 때마다 너무 즐거워해서 계속 읽어주었는데 그 책들을 다 외우는 것을 보고 깜짝 놀랐다. 이처럼 아이들에게 동화를 실감 나게 읽어주면 그 즐거움이 책을 단시간에 통째로 습득해버리는 효과가 있다.

동화 하브루타 방법

1번째 동화책을 몰입할 수 있게 아주 실감 나게 읽어주자.

2번째 동화책을 다 읽은 다음에 질문 하나씩 보태는 것으로 하브루타를 시작하자.

3번째 어느 정도 익숙하면 아이의 입을 여는 데 중점을 두고 아이가 엉뚱한 대답을 해도 받아주고, 대답하지 않는다면 그냥 다른 이야기로 넘어가면 된다.

4번째 아이가 익숙해지면 질문을 하나씩 더 추가하면서 분야를 넓혀간다. 아이가 조금씩 논리적으로 이야기할 수 있을 정도의 나이가 되면 그때부터 시사, 정치, 사회문제를 이야기하면서 밥상머리 대화를 확대해 나갈 수 있다.

5번째 항상 잊지 말아야 할 것은 동화책의 교훈을 강조하기보다 아이가 생각하고 느끼는 것이 더욱 중요하다.

유대인의 교육 중 가장 중점적인 것 하나가 바로 서로 다름을 중요시한다는 것이다. 그들은 달라야 성공한다고 말한다. 다른 사람과 똑같이 생각하고 행동하는 것으로 성공할 수 없다고 가르친다. 그리고 자신만의 독특한 생각을 하고 독특한 질문을 함으로서 남들이 생각해내지 못한 아이디어와 창의력을 만들어 낸다. 열 사람이 있으면 열한 가지 의견이 각각 나온다고 말할 정도로 그들은 서로와의 다름을 추구한다. 반면 우리의 교육은 동화책이나 이솝우화를 읽어도 답이 있고 교훈이 있다. 이것은 그만큼 우리 아이들의 생각을 닫고 상상력을 단절시키는 교육이기 때문에 교훈도 좋지만, 아이의 생각과 느낌을 더욱 중요시하며 아이가 자꾸 자신의 생각을 표현할 수 있도록 하는 것이 옳다. 이것이 하브루타다. 하브루타는 교훈이나 답을 알려주는 것이 하브루타가 아니다. 서로 토론하고 대화하면서 답을 찾아가는 것이다. 그러기에 동화책을 읽어줄 때도 엄마가 생각하는 교훈을 아이에게 강조할 필요는 없다. 그냥 읽는 그대로 아이가 느끼는 그대로 생각하는 그대로 아이와 이야기하면 되는 것이다.

2
모든 일상이 지식이 되는
일상 하브루타

'일상 하브루타'란 간단하다. 일상의 모든 것에 질문을 던지면서 아이와 이야기하는 것이다. 어려울 것이 없다. "하늘은 왜 파랄까?", "사람들은 왜 걸어 다닐까?" 하는 쓸모없을 것 같을 뻔한 질문들을 시작으로 아이와 대화를 이어나가는 것이다. 이런 질문 하나로 우리는 과학의 원리까지 대화를 넓혀 갈 수 있으며 아이들에게 공부에 대한 재미와 흥미를 더 해줄 수 있다.

예를 들어서 "사람들은 왜 걸어 다닐까?"란 질문을 통해서 인류의 변천 역사라든지 인간은 척추동물이며 두발로 걸어 다니는 직립 보행을 하는 동물이라는 것을 아이에게 이야기해줄 수 있다. 또 "하늘이 왜 파랄까?"란 질문 하나로 우주의 행성들과 지구의 기체, 또 미세먼지 등등 다양한 이야기를 아이들과 주고받을 수 있다. 이렇게 작은 질문 하나하나로 아이들과 대화하면서 아이와 더욱 친밀해지면서도 아이의 뇌를 자극 하는 교육을 할 수 있는 것이다. 이것이 많이 축적되면 축척 될수록 우리 아이들은 배경지식이 많아지고 이런 배경지식은 아이들이 성장하는 데 있어서 든든한 백이 되어줄 것이다.

　단 주의해야 할 것이 있다. 그것은 아이가 많이 어리다면 과학적이거나 너무 어려운 질문과 답변을 해서 아이가 지루해하지 않도록 해주는 것이 좋다. 너무 어리다면 굳이 하늘이 파란 과학적 원리를 이야기하지 않아도 된다.

　"하늘나라의 선녀님이 하늘색 물감으로 예쁘게 색칠하지 않았을까? 너는 어떻게 생각해?"

　라고 아주 재밌는 상상이 섞인 이야기로 이어가는 것도 좋다. 너무 어린아이에게 과학적이고 분석적인 이야기를 하다 보면 아이는 금방 지루함을 느낀다. 그리고 부모와 이야기하는 것은 지루하고 재미없다는 생각을 하게 될 것이다. 이것이 반복되면 자연스럽게 부모에게 물어보는 것도 하지 않게 될 것이다. 그러니 아이들이 아주 재밌어할 만한 이야기로 아이들과 대화를 이어나가는 것도 굉장히 좋다.

3
아이들을 지혜의 주인으로 만드는
역사 하브루타

역사 하브루타는 역사를 가지고 아이들과 이야기하는 것이다. 어린아이들과 시작하기엔 조금 어려울 수 있기 때문에 초등학생 고학년 이상 되면 시작하는 것이 좋다고 생각한다. 역사 하브루타의 가장 좋은 장점은 혜안이다. 지구상 세계 전체 역사를 배우다 보면 인간이 계속 반복해오고 있는 것들을 발견하기도 하고, 조상들의 지혜를 발견하기도 하며, 옛 선인들의 정신을 배울 수도 있다. 또 정복자들의 유래없는 도전 정신을 배우기도 한다. 그래서 역사를 배우는 것은 아이들에게 세상을 보는 지혜를 가져다준다.

이뿐만 아니라. 역사는 많은 돈을 벌 기회도 준다. 명품 브랜드 샤넬의 수석 디자이너 칼 라거펠트의 예를 들 수 있다. 이 사람의 전공은 패션 디자인이 아니다. 이 사람의 진짜 전공은 바로 역사다.

아이의 생각이 쑥쑥 자라는 하브루타 부모 교육

패션 명품 브랜드 샤넬은 왜 패션 디자이너를 수석 디자이너로 삼지 않고 역사 전공자를 수석 디자이너로 삼았을까? 답은 간단하다. 역사를 공부한 사람들은 세계의 흐름을 빨리 파악할 수 있고, 유행을 예측할 수 있으며, 나라마다, 또는 지역, 민족마다 그들의 다른 특성 및 역사적 사건을 고려해서 디자인과 마케팅을 할 수 있기 때문이다. 한마디로 민족마다 다른 언어습관, 문화, 사상 등을 빠르게 이해하고 상품을 만들고 마케팅할 수 있는 다양한 지식이 역사 속에 있기 때문이다.

역사 공부를 하라고 하면 우리가 학교 다닐 때 무작정 외웠던 그 역사 공부를 말하는 것은 아니다. 나 또한 역사의 중요성을 알면서도 손대기 힘들었던 이유 중의 하나가 바로 여기에 있다. 역사가 중요해서 공부해야 하는 것은 알겠는데 손댈 생각을 하니까 고등학교 때의 끔찍했던 역사 시간이 떠오르면서 엄두가 나질 않는 것이다. 아마도 우리 아이들에게 내가 학교에서 받았던 방식의 역사 공부를 시킨다면 줄행랑을 칠 것이다. 그러니 우리는 다른 방법으로 아이들과 역사에 대한 하브루타를 해야 한다.

예를 들어서 나폴레옹 보나파르트의 초상화를 보면서 세계사 중에 그가 어느 지점에서 어떤 역할을 했는지 자녀와 찾아보고 이야기해보는 것이다. 그리고 우리가 본받아야 할 그의 도전 정신과 강한 리더쉽은 어떤 것들이 있었는지 나폴레옹의 일화를 들어 아이와 이야기하는 것이다. 또 나폴레옹의 사생활도 너무 재밌는 소재다.

자크 루이 다비드(1748~1825)   폴 들라로슈(1797-1856)

18세기 말 프랑스혁명이 일던 혼란의 시대에 나폴레옹은 하급 귀족군인 출신이었다. 그의 타고난 군사적 재능으로 전쟁을 승리로 이끌고 유럽 대륙을 석권하면서 황제로 등극하여 10년간 통치했다. 나폴레옹 법전은 세계의 민법 관할에 크나큰 영향을 미쳤고 나폴레옹이 유럽 대부분을 지배하면서 법치주의, 능력주의, 시민 평등사상을 온 유럽에 퍼트렸다. 또한 그의 탁월한 전술은 현대의 군사전력가들에게 많은 영향을 끼쳤다. 아이러니한 것은 이렇게 인민의 영웅이었던 나폴레옹이 절대 권력의 황제로 등극한 것이다.

위 그림은 나폴레옹이 이탈리아 북부를 진격하기 위해 군사들과 함께 알프스산맥을 넘는 장면을 그린 것이다. 위 그림을 비교해 보자. 하나는 너무 멋진 영웅처럼 그려졌고, 하나는 당나귀를 탄 추위

아이의 생각이 쑥쑥 자라는 **하브루타 부모 교육**

에 몸을 웅크린 나폴레옹이다. 우리가 많이 알고 있는 것은 왼쪽 다비드가 그린 나폴레옹 초상화가 유명하지만, 전혀 색다른 관점에서 그린 나폴레옹의 초상화를 보는 것도 굉장히 재밌을 것이다. 실제로 엄청난 추위 속에서 백마를 타고 알프스산맥을 넘을 수 있을지 이야기해보고, 두 그림 중 어느 그림이 마음에 드는지도 이야기해 볼 수 있다. 또 나폴레옹이 알프스산맥을 넘으면서 한 유명한 말은 "나의 사전에 불가능이란 없다"이다. 이 말을 하면서 모두가 불가능하다고 말린 알프스산맥을 군사들과 함께 넘어 전쟁에 승리한 이야기를 해주는 것도 아주 재밌을 것이다.

가장 재밌는 것 중의 하나는 바로 나폴레옹의 키다. 나폴레옹의 키는 157cm 정도 밖에 되지 않아 많은 여성이 그와 데이트하는 것을 싫어했다고 한다. 그는 그 작은 키임에도 불구하고 전쟁을 매번 승리로 이끌고 30세의 어린 나이에 프랑스 1통령이 되며, 곧이어 황제까지 된 인물이다. 사람에게 가장 중요한 것은 키나 생김새, 집안 배경이 아니라 그가 가지고 있는 신념, 자신감이 인생을 바꿀 수 있다는 것을 알려줄 수 있다. 또 다른 재미는 바로 그의 사생활이다. 나폴레옹 하면 빼놓을 수 없는 사람이 있다. 바로 그가 가장 사랑한 여자, 희대의 바람둥이 조세핀이다. 그녀는 나폴레옹이 황제로 등극한 뒤에도 몰래 바람피우다 들켜서 이혼당했다. 나폴레옹의 조세핀 사랑은 정말 대단했는데 전쟁 중에도 끊임없이 러브 레터를 조세핀에게 보내기도 했다. 이런 이야기를 아이들과 이야기한다면 너무 재밌을 것이다.

이런 식의 교육 방식을 스토리텔링 교육이라고 말한다. 스토리텔링은 재밌고 이야기가 위주로 되기 때문에 아이들이 빠르게 이해하고 쉽게 외운다. 억지로 교과서를 외우는 교육과는 차원이 다른 것이다. 이렇게 스토리텔링으로 아이들과 역사 교육을 해나간다면 역사 하브루타도 쉽게 해나갈 수 있을 것이다.

우리 아이들이 세계의 리더로서 성장하길 바라는 부모님들이 매우 많을 것이다. 그래서 언어 공부도 많이 시키고 학원도 많이 보내면서 자녀들에 교육에서는 돈을 아끼지 않는다. 그런데 돈을 적게 들이면서도 자녀를 지혜롭게 만드는 방법이 있다. 바로 역사 하브루타를 하는 것이다. 당장은 실용성도 떨어지는 것 같고 성적에 아무런 도움이 되지 않는 것 같아도 아이들의 삶의 철학과 혜안이 바로 역사의식에서 형성되기 때문에 이를 무시해서는 안 된다. 아이들이 성장하는데 있어서 이것이 없다는 것은 바로 타이타닉호에 배를 움직이게 하는 키가 없는 것과 같기 때문이다. 키가 없는 배를 어디다 쓸까? 엄청나게 다양한 지식의 방대함은 가지고 있어도 운영할 키가 없다면 무용지물이 되는 것이다. 아이들에게 수많은 학원을 보내고 돈을 투자해도 정작 우리 아이들에게 자신을 운영할 키가 없다면 그 교육은 무용지물이 될 뿐이다. 우리 아이들에게 역사 공부는 선택이 아니라 필수여야 하는 이유가 바로 여기에 있다.

"역사는 단순히 과거에 관한 것이 아니다. 아니 과거와는 거의 상관이 없다. 사실 역사가 강력한 힘을 갖는 까닭은 우리 안에 역사가 있기 때문이고, 우리가 깨닫지 못하는 다양한 방식으로 우리를 지배하기 때문이며, 그리하여 말 그대로 우리가 하는 모든 일 안에 현존하기 때문이다. "

– 제임스 볼드윈(James Baldwin)

우리 아이들에게 가장 필요한 교육 중의 하나가 역사 교육이라고 생각한다. 하지만 한 가지 당부할 것이 있다. 내가 역사의 중요성을 알고 공부를 하고 여기저기서 정보를 모으는 와중에 느낀 것은 역사는 현재 진행형이라는 것이다. 예전에 내가 배웠던 고구려, 신라. 백제, 가야 등등 이런 문명의 근원지가 지금의 한반도가 아니란 역사적 증거가 나타나고 있다. 그리고 신라의 왕가의 무덤에서 추출한 DNA를 분석한 결과 위구르인들의 DNA와 비슷하다는 것도 밝혀졌다. 또한 요하 문명의 발견으로 고조선이 신화가 아니라 실제 존재했다는 것이 밝혀지고 있다. 이런 사실을 보았을 때 역사는 진행형이다. 그러니 공부하지 않고, 교과서에만 나오는 역사를 외우는 교육은 우리 아이들에게 별 도움이 되지 않는다는 것이다. 편협한 정치적 논리로 집필된 지금의 역사 교과서를 아이들에게 가르칠 것이 아니라 부모님들께서 적극적으로 우리의 역사적 사실을 공부하고 배워서 아이들에게 알려주어야 한다는 것이다. 역사를 국제적 시각에서 또 객관적인 시각에서 볼 줄 아는 아이로 만들어야 현명한 판단과 넓은 식견을 갖춘 아이로 자라게 할 수 있기 때문이다.

4
아이의 감성을 깨우는
명화 하브루타

　명화 하브루타는 재밌는 것이 역사 하브루타와 매우 연관된 모습을 보인다. 왜냐하면 그림이 그려진 시대적 배경과 역사적 사건들을 아이들과 자연스럽게 이야기할 수 있기 때문이다. 물론 그림을 보고 느낌을 말하고 어떤 생각이 들었는지 그림 속에 어떤 이야기가 숨어있을지 상상해도 좋다. 하지만 그것에서 한단계 더 깊이 작가가 살았던 시대, 역사적 사건, 그림 속 주인공이 누구였는지를 이야기하게 되면 자연스럽게 역사 하브루타를 동시에 할 수 있다. 세계의 전쟁, 미술사, 고대 신화 등등 그림이란 것이 너무나 다양하고, 미스터리하며 역사적 의미를 갖는 것이 많기 때문에 아이들과 이야기하기가 너무 좋은 소재이다.

　예를 들어서 르누아르의 '전원에서의 춤', '도시에서의 춤'을 비

　　　　　아이의 생각이 쑥쑥 자라는 **하브루타 부모 교육**

전원에서의 춤　　　　　　도시에서의 춤

교하면서 아이와 이야기를 해보자. 그럼 두 그림의 차이점을 아이
들과 숨은 그림 찾듯이 찾아도 된다. 그리고 르누아르의 사생활도
조미료 삼아 아이들에게 이야기해주어도 재밌다. 왼쪽 그림에 시
골스러운 모자를 쓰고 행복한 얼굴을 한 여인이 바로 르누아르의
부인이다. 오른쪽 그림 속 여인은 세련되고 도시적이며 아주 아름
답기로 유명했던 슈잔 발라동이다. 슈잔 발라동은 르누아르가 바
람 핀 상대이다. 그 바람을 핀 것이 들켜서 왼쪽 그림의 모델이 바
로 부인이 되었다는 이야기가 있다. 이런 뒷이야기가 아주 재밌는
감미료가 된다. 또 '도시에서의 춤'에서 남성의 얼굴을 여성의 뒤

에 가려서 그린 이유는 무엇일까? 이런 재밌는 질문을 해봐도 좋다. 르누아르가 바람피워서 자신의 얼굴을 가린 것이 아니냐고 이야기를 해봐도 좋다. 이렇게 그림 한 장 속의 이야기는 점점 흥미롭고 재밌어진다.

이야기가 즐겁고 흥미롭지만, 그 안에 미술사적 이야기를 약간만 해준다면 작가의 특징부터 미술사까지 한꺼번에 알려줄 수 있다. 르느아르는 인상파의 대표적인 화가라고 할 수 있으며 르누아르 그림의 특성은 슬픔이 없다는 것이다. 르누아르는 보는 사람으로 하여금 행복하고 즐겁게 느낄만한 그림만 그렸다. 일부에서는 그가 그린 그림이 너무 부르주아를 동경하는 그림만 그렸다고 비판하는 목소리도 있기는 하지만 개인적으로 우울한 그림보다는 이렇게 화려하고 긍정적인 느낌을 주는 그림이 더욱 좋다. 또 다른 화가들과는 다르게 르누아르는 가정적이며 다정한 사람이었다는 것이 그림에서도 나타난다. 그림을 보면 작가의 성격과 마인드를 예측해 볼 수 있기 때문이다. 이처럼 명화 하브루타는 그림 한장으로 아이들과 정말 많은 이야기를 주고 받을 수 있다.

아이의 생각이 쑥쑥 자라는 **하브루타 부모 교육**

5
호기심을 자극하는
동물 하브루타

　우리 아이들이 태어나자마자 가장 먼저 접하는 것이 바로 뽀로로, 헬로키티, 포켓몬 등 동물 캐릭터이다. 가장 좋은 것은 동물은 아주 어린 아이들도 모두 좋아한다는 것이다. 동물을 잘 활용하면 아주 어린 아이들도 하브루타를 아주 쉽게 할 수 있다. 아쉽게도 대부분의 많은 한국 부모님들이 동물의 그림을 보고 이름을 외우는 것으로 그냥 넘어가 버린다. 그런데 동물 하나하나 관찰하면서 하브루타를 한다면 어떻게 될까?

　낙타를 예를 들어서 설명하면 낙타는 쌍봉낙타와 단봉낙타로 나뉜다. 쌍봉낙타는 혹이 2개인 낙타고 단봉낙타는 혹이 1개인 낙타이다. 동물 하브루타는 이름만 외워서 끝내지 않고 점점 질문을 확대해 나가는 것이다. '낙타의 등에 혹이 왜 있을까?'라는 질문을

시작으로 낙타는 사막에 살며 사막의 특징은 물이 없고, 모래가 많은 땅이며, 뜨겁다는 것을 이야기한다. 그리고 가장 중요한 낙타 등에 있는 혹은 사람으로 치면 생수통과 같은 역할을 한다고 알려준다. 혹으로 인해서 낙타가 34일 동안 약 900km를 물 없이 견딜 수 있다는 것을 알려주며 아이와의 이야기를 점점 확대하는 것이다.

낙타는 굉장히 힘이 세서 한 번에 500kg의 짐을 실어 나를 수 있으며, 이런 낙타를 사람들은 군사용으로 사용하기도 하였다. 낙타는 성격이 매우 고약해서 자주 스트레스를 풀어주어야 한다는 재밌는 사실도 알려주자. 낙타의 스트레스를 풀어주기 위해서 주인은 낙타 주위에 자신의 옷을 던져준다고 한다. 그러면 낙타는 주인의 옷을 주인이라고 착각하고 옷이 너덜너덜해질 때까지 밟고 또 밟는다고 한다. 재밌지 않은가? 또 낙타는 화가 나면 침을 뱉는데 그 침 냄새가 정말 고약하다고 한다. 이 냄새를 이용해서 전투한 적도 있는데 기원전 853년 시리아 일대에서 유럽인들과 아랍인들

아이의 생각이 쑥쑥 자라는 **하브루타 부모 교육**

이 전투를 벌였는데 그때 낙타의 냄새에 기겁한 유럽인들의 말들이 혼비백산이 되어 도망치는 바람에 전투에 졌다는 이야기가 전해져 내려오고 있다.

　낙타라는 동물 그림 하나 가지고 우리는 아이에게 정말 많은 이야기를 해 줄 수 있다. 이것이 하브루타의 가장 큰 장점인 확장성이다. 낙타 하나로 사막이 어디에 있는지부터 시작해서 사막의 특징, 낙타의 쓰임새, 낙타의 특징, 오아시스 등등 다양한 것을 아이와 이야기하면서 알려줄 수 있다. 또 지도를 펴서 낙타가 어느 지역에 많이 분포되어 있는지 살펴보는 것도 좋다. 한마디로 1석 10조가 되는 교육인 셈이다.

낙타를 보면서 할 수 있는 질문

- 낙타는 어디에 살까?
- 낙타는 무엇을 먹을까?
- 낙타의 등에 있는 혹은 왜 있지?
- 낙타처럼 사막에 사는 동물은 어떤 동물들이 있을까?
- 식물은 어떤 식물들이 있을까?
- 사막은 어떤 곳일까?
- 사막의 기후는 어떨까?
- 오아시스란 무엇일까?
- 사막에 오아시스는 왜 있는 것일까?

- 지구상에 사막은 어디 어디에 있을까?

- 사람들은 낙타를 어떻게 이용해왔나?

- 사막의 사람들은 왜 말 대신 낙타를 이용했을까?

- 사막에 비가 안 오는 이유는 뭘까?

- 사막에 모래바람이 심하면 어떤 일들이 일어날까?

- 사람들은 왜 낙타를 키웠을까?

- 낙타의 성격은 어떨까?

또 하나 특별한 동물이 있다. 바로 펠리컨이라는 동물이다. 이 펠리컨은 실제로 식인조라고 불릴 정도로 물고기뿐만 아이라 새, 쥐, 토끼, 강아지 등을 잡아먹는 대식가이다. 펠리컨은 입이 아주 큰 동물 중의 하나인데, 뱀처럼 동물을 씹지도 않고 그냥 통째로 입에 넣고 삼킨다. 펠리컨의 가장 큰 특징 중의 하나는 고무줄처럼 늘어나는 아래쪽 부리 주머니이다. 이 주머니는 끝도 없이 늘어난다. 탄력성이 정말 어마어마하다. 예로 외국의 한 주민이 강아지를 데리고 공원을 산책하던 중에 펠리컨이 날아와 강아지를 홀딱 먹어버렸다는 이야기도 있다. 또 갓난아이를 잡아먹을 수 있으니 펠리컨 가까이에 가면 안 된다

아이의 생각이 쑥쑥 자라는 **하브루타 부모 교육**

고 한다. 정말 무시무시한 새다. 그것뿐만 아니라 모성애가 얼마나 지극한지 먹이가 없으면 자신의 가슴에 피를 나게 해서 그 피를 먹일 정도라고 한다.

이 펠리컨이란 동물을 아이와 이야기할 때 아이가 굉장히 생소하게 생각해서 유튜브를 보여주면서 이야기한 적이 있다. 펠리컨이 먹이를 먹는 모습을 보고 정말 충격이었다. 펠리컨은 정말 못생긴 새 중의 하나이다. 못생긴 새가 먹이를 먹는 모습은 더욱 충격이었다. 산채로 비슷한 새들을 잡아먹거나 자신의 형제들을 잡아먹는 데 정말 놀라웠다. 나는 이 영상을 보면서 아이와 완전히 반대되는 새와 비교하는 하브루타를 했다. 바로 백조이다. 백조의 아름다움, 우아함을 자신의 새끼들과 나란히 물 위에 떠 있는 장면을 보고 펠리컨과 비교하면서 이야기를 이어나갔는데 아이는 정말 재밌어했다. 그리고 검은색 백조가 있는 것을 보고 굉장히 신기해하였다.

동물을 싫어하는 아이가 있을까? 신기하고 재밌고 궁금하고 만져보고 싶은 것이 동물이다. 이런 동물들의 이야기를 자유롭게 이야기하면서 하브루타를 할 수 있다. 사는 곳, 먹는 먹이, 동물의 특성, 그리고 반대되는 특징을 가진 동물들과의 비교를 통해서도 색다른 하브루타를 할 수 있다. 이렇게 부모와 시간을 들여서 이야기한 동물들은 아이가 잊어버리지 않는다. 그리고 동물 캐릭터 하나로 지구 속 다양한 기후와 지형에 관해서 이야기할 수도 있다. 정말 간단하지 않은가? 이 동물 하브루타는 아주 어린 아이들과도 너무 쉽게 할 수 있다. 4~5살 아이들, 말이 늦은 아이들과도 거부반응 없이 할 수 있기 때문에 활용하면 굉장히 도움이 많이 될 것이다.

6
지적 희열을 느끼게 만드는
한자 하브루타

한자는 한글과 다르게 뜻을 포함한 글자다. 그래서 한자 하나로 이야기를 만들어 낼 수도 있다. 또한 한자를 잘 들여다보면 한자 속에 역사적 사건들이 기록되어 있는 것을 알 수 있다. 이런 사실들을 우리 아이들과 한자를 보면서 이야기를 하면 정말 재밌다. 요즘 유치원에서 아이들에게 한자를 가르치고 학교에 가기 전에 한자 시험을 치르게 해서 자격증을 따게 하는 교육을 하는 곳들이 있다. 그런데 아이들에게 주입식으로 한자를 가르치면 잠깐은 외운 것 같지만 금세 잊어버린다. 그러나 이렇게 한자 속에 스토리가 들어있다는 것을 아이들과 이야기 한다면 한자를 잊어버릴 수 없다. 또한 한자가 태어난 배경과 역사의식 또한 아이들에게 가르칠 수 있다. 이점에서 한자 하브루타는 굉장히 매력적인 교육 방법이다.

船(배선) = 舟(배주)+八(여덟팔)+口(입구)

-《설문해자에 나타난 창세기》(임번삼 지음) 236쪽 참조

이 글자는 배선자다. 船은 '배 주'자와 '여덟 팔'자, 그리고 '입구'
자가 합쳐진 글자다. 口자는 사람을 이야기한다. 사람이 8명이 배
에 탄 모양을 한 것이 배선자다. 아니 왜 배선자가 배를 타고 있는
8명의 사람이란 의미가 들어가 있을까? 재밌지 않은가? 이 글자 속
에 어떤 뜻이 숨겨져 있을까?

상상한 것을 지문에 살짝 적어보자.

1.

2.

3.

아주 오랜 과거에 홍수 속에서 8명만이 살아남았던 역사적 사건
이 있다. 과학자들이 신화가 아니고 실제 있었던 일이라고 밝혀낸
홍수 사건이다. 성서에 나오는 대홍수에서 배를 만들어서 유일하게
살아남은 노아의 가족들이 8명이다. 한자를 만든 사람들이 대홍수
를 겪었던 사람들의 후손이었을까? 아니면 한자를 만들었던 사람
들도 이 홍수 이야기를 알고 있었을까? 어떻게 글자 속에 이런 의
미를 담았을까? 과연 한자를 만든 사람들은 무엇을 생각하고, 상상
하면서 글자를 만들었을까?

이런 질문들을 던지면서 우리 아이들에게 고대 역사에 대한 흥미 또한 불러일으킬 수 있다. 그리고 한자의 유래부터 한자를 학자들마다 어떻게 다르게 해석하고 있는지도 아이와 이야기할 수 있다. 물론 한자에 대한 부모님들의 많은 정보와 공부가 필요하겠지만 말이다. 이렇게 한자 하나로 흥미로운 역사적 사실들을 발견하고 그 발견한 사실을 가지고 아이와 꼬리에 꼬리를 물어서 하브루타를 하면 아이는 공부가 흥미롭지 않을 수 없을 것이다.

유대인들은 아이들과 이야기하거나 가르쳐줄 때 절대로 어렵게 이야기하지 않는다. 쉽고 빠르게 이해할 수 있게 가르치면서 다양한 지식을 질문에 질문으로 아이들에게 알려준다. 이런 질문을 함으로서 아이의 지적 능력과 호기심에 불을 지르는 것이다. 여기에 사용되는 것이 바로 스토리텔링식 교육이다. 아이에게 스토리를 가르쳐주는 것은 재밌고 더 오랫동안 기억나게 만드는 힘이 있다. 우리 아이들에게도, 어른들에게도 어려운 한자를 아주 쉽게 가르쳐줄 수 있는 방법은 바로 스토리텔링식 교육법이다.

禁(금할 금) = 木 + 木 + 示(보이다, 계시하다 시)

－《설문해자에 나타난 창세기》(임번삼 지음) 190쪽 참조

이 한자를 보자. 이 한자는 '나무 木' 2개와 '보일 시(示)' 자가 합쳐져서 만들어진 글자다. 나무 두 개는 무엇을 뜻할까? 어떻게 木 2개와 示가 합해져서 '금할 금' 자가 될까? 상상해보자.

상상한 것을 지문에 살짝 적어보자.

1.

2.

3.

하브루타 수업에서 이 한자가 왜 금할 금이라는 뜻을 갖게 되었는지 상상해보고 토론해 보았다. 엄청나게 재밌고 흥미로운 대답들이 나왔다. 어떤 분은 나무 사이에서 누군가 몰래 보는 모습이 아니냐면서 관음증을 금하기 위해서 금할 금이 된 것이 아니냐는 대답이 있었다. 또 어떤 분은 나무 사이에서 빛이 보이는 모습인 것 같다면서 신이 내려주시는 계시(성서에 나오는 10계명) 같은 것을 보여주고 하지 말라는 뜻이 아니냐는 대답이 나왔다. 정말 우리 부모님들에게서 기발한 생각들이 많이 나왔다. 우리 아이들과 이런 식의 대답을 유추하면서 이야기를 끌어나가면 정말 다양한 의견과 상상이 마루 쏟아져 나올 것이다.

木 2개는 선악과와 생명의 나무를 이야기한다고 한다. 그리고 '보일 시(示)' 자는 그 나무들을 신이 보여주고 있다는 뜻이다. 신이 아담과 하와에게 선악과 나무를 보여주면서 무슨 말을 했을까? 신이 나무들을 보여주면서 한 이야기는 "선악과를 먹지마"이다. 선악과를 보고 그것을 따먹으면 안 된다는 이야기를 포함한 글자이다. 정말 신기하지 않은가? 필자는 한자 하나에 스토리를 다 담아낼 수 있다는 것이 너무 신기했다. 그리고 다른 한자들은 어떤 뜻을 포함하고 있을지 궁금했다.

이 한자들이 정말로 위 학자들이 말한 내용이 포함하도록 만들어졌다는 것이 사실인지 아닌지는 별로 중요하지 않다. 이 한자 속에 어떠한 종교적 색채를 드러내고 싶어서 이 내용을 소개하는 것도 아니다. 중요한 것은 이 한자들을 통해서 우리는 스토리텔링식 교육을 할 수 있다는 점이 중요하다. 어렵기만 했던 한자를 공부하는 데 있어서 이렇게 상상할 수 없던 이야기를 꺼내올 수 있다는 것이 중요한 것이다. 즉 禁 자를 보고 아담과 하와의 이야기가 떠오른다면 이 한자를 잊어버릴 수 없다. 아마도 다른 한자는 다 잊어버리더라도 이 한자 만큼은 잊어버릴 수 없게 된다. 또 다른 한자 속에는 어떤 이야기가 포함되어 있을지 상상하고 궁금하게 만들 수 있다는 것이 포인트이다. 아이들에게 부모와 하루에 10분, 20분 정도 이런 스토리텔링으로 아이에게 호기심과 즐거움을 선사할 수 있고, 이야기를 나눌 수 있다면 아이들 교육에 엄청난 변화의 바람을 불러일으킬 것이다.

7
사회적 독립심을 길러주는
경제 하브루타

개인적으로 우리 아이들에게 가장 시급한 교육이 바로 경제교육이라고 생각한다. 앞으로 경제위기와 4차산업혁명 시대에 우리 아이들은 일자리가 없는 것은 물론 아르바이트도 하기 힘들 것이다. 그렇기 때문에 우리 아이들에게 가장 시급한 것이 경제 교육, 경제 관념을 일찍부터 심어주는 것이다. 어릴 적부터 돈에 대한 개념을 이해하고 돈을 버는 기쁨을 알게 해주어야 한다. 또 아이가 커서 어떤 직업으로 어떻게 돈을 벌어서 자신의 인생을 꾸려나갈지 고민하는 시간을 반드시 가져야 한다. 이 부분을 가르치지 않는다면 우리나라 현재의 주입식 교육으로는 우리 아이의 미래가 불안하기 그지없다.

대한민국의 많은 부모님이 서울대에 가길 원하고, 그곳에 보내

아이의 생각이 쑥쑥 자라는 하브루타 부모 교육

기 위해서 엄청난 돈과 노력을 쏟아붓는다. 그런데 이제 4차산업혁명 시대를 살아갈 우리 아이들에게 서울대가 피난처가 되어줄까? 4차산업혁명 시대가 본격적으로 도입이 되면 서울대 나온 사람들도 취업 자리가 없어서 해외로 나가야 할 것이다. 점점 더 기계화되는 현실에서 의사, 판사 이런 직업들을 모두 ai로 대체할 수 있다는 이야기가 쏟아져 나오고 있다. 앞으로 서울대도 안전하지 않다. 그럼 우리 아이들에게 어떤 교육을 해야 할까?

유대인들은 어릴 적부터 아이들에게 경제 교육을 한다. 아주 갓난아이 때부터 기부를 가르치고 집안일을 돕고 부모를 돕도록 가르치며 아이들에게 전공 분야 말고도 꼭 한 가지 이상의 기술을 가르쳐서 지구 어디에서도 생존할 수 있도록 하는 교육을 가르친다. 아이들에게 집안일을 돕도록 가르침으로서 가족의 한 일원으로서 책임 의식을 가르쳐주며, 부모를 돕도록 가르치면서 부모가 힘들게 일하고 돈을 번다는 것을 알려준다. 또 돈을 함부로 써서는 안된다는 것을 알려준다. 부모의 직업을 가르치는 것은 정 안 되면 부모를 도우면서 배웠던 기술로라도 먹고살 수 있게 하기 위해서다. 정말로 철저하게 살아남을 수 있도록 가르친다. 반면 한국의 아이들은 수능을 위해서 모든 것을 다 뒷전으로 어기며 수능만을 위한 공부를 가르친다. 그리고 막상 수능을 치르고 사회에 나오면 그때서야 모든 것을 다시 배운다. 인생을 사는 데 있어서 필요한 것들을 20살이 되어 서야 스스로 시행착오를 거쳐서 배우는 것이다. 어릴 적에 먹고살 수 있는 다양한 방법을 배우고 사회에 나오는 아이와 20살이 되어서 이제 시작하는 아이들과 누가 먼저 성공할 확률이 높을까? 대부분의 유대인들이 젊은 나이에 성공할 수 있는 비결 또한 여기에 있는 것이다.

그럼 유대인의 경제 교육을 열 가지로 나눠서 간단하게 설명하겠다. (이 내용은 양동길 저자의《유대인 하브루타 경제교육》과 사라 이마스 작가의《유대인 엄마의 힘》에 나오는 내용을 정리했다.)

유대인 경제 교육

1. 소비 습관을 먼저 가르친다.
2. 수입과 지출 내역을 쓰고 습관화시킨다.
3. 아이가 쓴 지출 내역을 보고 부모와 하브루타 한다.
4. 자선을 일상처럼 여기도록 가르친다.
5. 경제 활동은 가정에서부터 가르친다.
6. 부모의 직업을 가르친다.
7. 장사를 가르친다.
8. 자신의 직업을 사랑하도록 가르친다.
9. 자녀를 망치고 싶다면 큰돈을 줘라.
10. 유대인의 협상 능력은 부모와 협상에서부터 시작한다.

1. 소비 습관을 먼저 가르친다.

아이의 생각이 쑥쑥 자라는 **하브루타 부모 교육**

소비 습관을 먼저 가르치는 것은 자녀에게 버는 것보다 쓰는 것이 더 중요함을 가르쳐 주기 위해서이다. 아무리 돈을 많이 벌어도 그 돈을 관리할 줄 모르면 금방 쪽박을 찰 수 있다는 것을 아이들에게 알려주는 교육을 하는 것이다. 이런 경험을 아이들이 미리 겪을 수 있게 해주는 유대인들의 교육에 정말 놀라지 않을 수 없었다.

유대인의 경제 교육은 내가 상상했던 것보다 더 철저하고 놀라웠다.《유대인 엄마의 힘》의 저자 사라 이마스는 유대인들은 아이들이 초등학교에 올라가면 부모의 한 달 월급 정도 되는 돈을 아이의 통장에 넣어 준다고 한다. 더 놀라운 것은 이 돈을 자유롭게 쓰도록 해주고 자녀가 산 물건이나 사용한 내역에 대해서 부모와 토론한다고 한다. 이렇게 교육을 하는 것은 자녀가 사회에 나가서 할 수 있는 다양한 실패의 경험을 어릴 적에 미리 부모와 함께 겪고 대화와 토론으로 자녀의 잘못된 소비 습관을 고쳐주려고 하는 것이다. 여기서 유대인들 교육의 일관성이 보인다. 아이가 13세 되기 이전에 자녀들에게 사회에 나가서 살 수 있는 기본적인 것들은 모두 스스로 할 수 있도록 가르친다는 것이다. 거기에 경제교육도 함께 포함된다.

2. 수입과 지출 내역을 쓰고 습관화시킨다.
3. 아이가 쓴 지출 내역을 보고 부모와 하브루타 한다.

아이들에게 준 돈을 아이들이 스스로 수입과 지출 내역을 적도록 습관화시키는 것이다. 그리고 어떤 것들을 샀는지, 꼭 필요한 물건은 어떤 것이었는지 부모와 토론하고 앞으로 돈을 어떻게 사용할 것인지 계획도 같이 만든다고 한다. 한국의 상황과 굉장히 다르다. 한국의 아이들은 언제든지 부모에게 조르면 돈이 나온다는 것을 알기 때문에 늘 부모에게 돈을 달라고 하고 그 돈을 아무 생각 없이 쓰게 된다. 자신이 스스로 돈을 관리하는 것이 아니기 때문이다. 즉 부모가 자녀의 현금 인출기가 되는 것이다. 이런 현상은 특히 재벌 2세들의 관련된 뉴스에서 많이 접할 수 있다. 이들의 경악할만한 행동들의 원인은 부모의 잘못된 경제교육에서부터 시작되었다고 볼 수밖에 없다. 유대인들의 경제교육 포인트는 아이들이 사용한 돈을 한 번 더 다시 생각해보고 자신의 소비 패턴을 관찰할 수 있는 시간을 갖는다는 것이 매우 중요한 포인트인 것 같다. 그리고 이것을 생각만 하는 것이 아니라 부모와 대화하면서 올바른 방향을 찾아가는 교육을 한다면 자녀가 성장해서 돈 관리를 잘할 수밖에 없을 것이다.

4. 자선을 일상처럼 여기도록 가르친다.

유대인들의 자선은 정말 유명하다. 아이가 태어나서 걸음마도 하기 전에 자선함에 동전을 넣는 것부터 가르친다. 그렇게 하면 아이는 동전은 자선함에 넣는 것이라고 인식하고 입에 넣지 않는다고 한다. 또한 유대인들은 자녀들에게 부자가 되려면 자선을 해야 한다고 가르친다. 무엇이든지 열매를 거두려면 씨를 뿌려야 하듯 부자가 되려면 씨를 뿌리듯이 자선을 해야 한다고 가르치는 것이다.

아이의 생각이 쑥쑥 자라는 **하브루타 부모 교육**

실제로 기부를 가장 많이 하는 민족은 유대인이며, 이들의 자선금은 어마어마하다. 자신의 전 재산을 기부해도 아까워하지 않는 큰손들이 정말 많다. 마크 주커버그 약 54조, 빌 게이츠 약 31조, 워런 버핏 약 25조 5,000억 등 이들의 기부 금액은 상상을 초월한다. 그런데도 이들은 세계 제일의 부자로 손꼽힌다. 우리 아이들이 이들처럼 성공하길 바란다면 자선의 씨앗을 뿌리는 법을 알려주어야 할 것이다.

5. 경제 활동은 가정에서부터 가르친다.

이것은 자녀들이 부모를 현금 인출기로 생각하지 않게 하면서 땀흘려 일하고 돈을 받는 즐거움을 알려줄 수 있다. 아이들이 스스로 땀 흘려 일하고 돈을 받을 때 굉장히 기뻐한다. 특히 자신이 스스로 무언가 도움이 되는 행동을 했다는 것에도 굉장한 자부심을 느끼게 된다. 늘 부모가 시키는 일만 하다가 스스로 집안일을 돕거나 나가서 물건을 직접 팔아보는 경험을 통해서 돈을 벌면 아이들의 마인드와 생각이 바뀌는 것이다. 책상 앞에서 책만 보던 아이와 어릴 적부터 작은 집안일 하나라도 해서 자신의 용돈을 모으고 관리해 본 아이와의 차이는 클 수밖에 없다.

우리 아이들에게 집안일을 하면 얼마의 금액을 주기로 약속한 다음부터 특별히 강요하지 않아도 아이들이 스스로 정리를 하고 나에게 와서 금액을 청구한다. 그런 모습을 볼 때 굉장히 뿌듯한 마음이 들었다. 그런데 어떤 분은 이렇게 말하는 분도 있을 것이다. "아니 엄마 하는 일 조금 도와줄 수도 있지. 꼭 돈을 받아야 해?" 라고 말이다. 꼭 아이들과 약속한 금액은 제시간에 받을 수 있도록 아이들을 지도하는 것이 좋다. 그렇게 돈이 모이고 자신이 생각하기에 꽤 많은 금액이 모이면 희한한 일들이 벌어진다. 아이가 가진 적은 돈으로 필요한 물건이 무엇이냐며 자신이 사주겠다고 말하기도 한다. 또 동생들에게 과자를 사주기도 하고 엄마에게 선물하기도 한다. 그리고 집안일을 도와주면서도 돈은 꼭 받지 않아도 된다고 말하기도 한다. 조금도 강요하지 않았다. 그냥 집안일을 돕는 아이에게 돈을 주면서 "엄마의 일을 도와줘서 고맙다"고 말한 것뿐이다. 아이들이 돈을 만지고 관리하면서 성장하는 모습이 정말 대견했다. 여러분들도 꼭 해보길 바란다.

6. 부모의 직업을 가르친다.

유대인들은 아이들에게 다양한 기술을 가르치려고 노력한다. 또한 부모의 직업을 배우도록 가르친다. 그 이유는 유대인들의 기나긴 박해의 역사 때문이다. 그들이 2000년을 떠돌아다니면서 겪었던 온갖 박해는 말로 하기 힘들다. 1492년 스페인에서 내려진 유대인 대 추방령, 1944년 유대인 대학살은 정말 끔찍했다. 어제까지 잘 있던 나라에서 재산도 돈도 모두 뺏기고 쫓겨나기를 반복했으며, 독일 나치군에 의해서 멸종 위기를 겪으면서 그들이 자녀들에게 할 수 있는 교육은 살아남는 교육이었다. 어디에서건, 어떤 곳

아이의 생각이 쑥쑥 자라는 하브루타 부모 교육

으로 추방당하건, 그곳에서 살아남을 수 있는 기술을 가르치고 공부시키는 것밖에는 자녀들을 지킬 수 있는 방법이 달리 없었다. 그래서 그런지 그들은 자녀들이 부모의 일을 돕도록 가르치며 부모가 힘들게 돈을 번다는 사실을 자녀에게 알려준다. 그리고 부모가 어떤 식으로 돈을 벌고 있는지도 자녀에게 이야기해준다. 이런 교육이 유대인 자녀들이 어릴 적부터 독립된 존재로서 살아갈 수 있도록 만들기 위한 그들만의 처절한 몸부림이 녹아있는 교육이 아닌가 생각한다.

7. 장사를 가르친다.

유대인의 말 중에는 '자녀에게 장사를 가르치지 않는 것은 도둑질을 가르치는 것과 같다'라는 말이 있다. 이 말의 의미는 아마도 장사를 하게 되면 어떤 물건이든지 대가 없이 얻을 수 있는 것은 아무것도 없다는 것을 알려주고자 하는 말인 것 같다. 〈유대인 엄마의 힘〉의 사라 이마스는 자녀에게 포춘쿠키를 팔아 보도록 가르친다. 처음에는 쭈뼛대면서 하나도 못 팔아 오던 아이들도 점점 사람을 대하는 법을 배우고 물건을 파는 법을 배우며 세일즈에 대해서 자연스럽게 몸으로 익히는 것이다. 그래서 사라 이마스의 둘째 아들은 처음에는 하나도 못 팔던 포춘쿠키를 자신의 친구 집 파티에 대량으로 납품하는 것까지 생각해내고 그때부터 커다란 수익을 거둔다. 어린아이들이 장사를 하면서 몸으로 느끼고 배우고 또 독특한 아이디어를 내면서 스스로 성장하는 모습을 보여준다. 그렇다고 아이가 공부하지 않고 장사만 하는 것은 아니다. 학교 가는 길과 오는 길에 틈틈이 팔면서 학업도 병행하는 것이다. 정말 대단하다.

한국에서 유대인들처럼 가르치는 것은 어쩌면 불가능하다고 생각할지 모른다. 그러나 이들이 장사를 통해서 아이들에게 가르치고자 하는 것이 무엇인지 생각해 볼 필요가 있다. 현재 우리나라에서 나이가 40 이상인데도 부모에게서 독립하지 못하는 사람들이 점점 늘어나고 있고, 이것이 사회적으로 문제가 되고 있다. 이런 우리 사회에서 어릴 적부터 독립심을 키워주고 돈을 벌 수 있는 방법을 생각하면서 자신의 미래를 책임질 수 있도록 가르치는 것은 우리 한국 부모들이 가장 본받아야 할 점이 아닌가 한다.

8. 자신의 직업을 사랑하도록 가르친다.
라이트형제는 지금으로 말하면 자전거포에 해당하는 가게를 운영하고 있었다. 그들은 자신의 직업을 사랑했다. 그리고 자전거 타는 것을 무척 좋아했다. 그들은 자신의 직업을 너무 사랑한 나머지 '자전거를 타면서 하늘을 날아다니면 어떤 느낌일까?', '하늘을 나는 자전거를 어떻게 만들 수 있을까'를 상상하고 고민했다. 이런 상상과 고민에서 세계 최초의 비행기를 발명하게 된 것이다. 자신의 직업을 사랑하면 그 직종에서 최고가 될 수 있는 길이 열린다. 아무리 좋은 곳에 취업이 되었다 하더라도 불평과 불만으로 가득 찬 시간을 보낸다면 그 사람의 역량은 거기서 끝이 난다. 그러나 자신의

아이의 생각이 쑥쑥 자라는 하브루타 부모 교육

직업을 사랑한다면 라이트 형제처럼 최고의 역량을 발휘할 것이다.

9. 자녀를 망치고 싶다면 큰돈을 줘라.

자녀가 사회에 나가기도 전에 엄청나게 비싼 옷과 가방, 장난감들에 익숙해지면 어떤 일들이 벌어질까? 자녀가 직장 생활에서 처음 받는 돈은 대기업에 들어가도 초봉이 300만 원 안팎이다. 그런데 한 끼 식사에 300만 원씩 내고, 옷 한 벌에 1,000만 원씩 쓰던 아이들이 한 달 힘들게 일해서 300만 원 버는 사회에 적응하기가 쉬울까? 아이들은 점점 일하기 싫어하고 사회 어느 곳에서도 만족감이란 것을 찾을 수 없다. 이런 일이 반복되니 늘 부모에게 의존할 수밖에 없다. 그만큼 생존력도 떨어진다. 그래서 유대인들은 자녀들에게 절대로 큰돈을 주지 않는다. 정 하고 싶다면 스스로 벌어서살 수 있도록 유도하는 교육을 한다. 그래야만 아이가 어떤 상황에서도 잘 적응하면서 자신의 재산을 지킬 수 있기 때문이다.

세계 최고의 부자 중의 한 사람인 워런 버핏의 이야기다. 그는 자신이 엄청난 부자임에도 자녀들에게 큰 집을 사주거나 좋은 자동차를 사주지 않았다. 좋은 사립학교 또한 보내주지 않았다. 그는 그냥 평범한 샐러리맨과 같은 아버지의 모습을 아이들에게 보여주었다. 맥도날드를 좋아하는 평범한 옷차림의 수수한 아버지였다. 자녀들이 아버지가 부자란 것을 알게 된 것은 '포브스'라는 잡지에 실린 미국 최고의 부자 명단에 아버지의 이름이 올라온 것을 보고 나서라고 말한다. 자녀들은 버스를 타고 다녔고 공립 학교에 다니면서 일반인들과 다를 바가 없는 생활을 한 것이다. 우리나라의 부자들과는 정말 다르다.

요즘 예능에서 아이가 나오는 프로그램이 인기가 많다. 그 출연자들에게 엄청난 육아용품 후원이 들어온다고 한다. 그 프로그램에 나오는 아이의 장남감과 육아 용품을 보면 일반인들은 사기 힘든 비싼 물건들이 너무 많이 나온다. 그런데 너무 부러워할 필요 없다. 아이들에게 그런 교육을 시키면 안 된다는 유대인들의 지혜를 우리는 지금 배워 깨달았기 때문이다.

10. 유대인의 협상 능력은 부모와 협상에서부터 시작한다.

이 말은 우리나라의 주입식 교육의 문제점을 여실히 나타내는 말이라는 생각이 든다. 우리나라의 많은 사람들이 협상을 어려워한다. 그리고 국회의원들조차도 제대로 된 협상하는 모습을 본 적이 없다. 그 이유는 뭘까? 협상을 해 본 적이 없어서이다. 가정에서 늘 부모와 대화하면서 어떤 문제점에 대한 해결 방안을 가지고 협상하던 아이들은 사회에 나가서도 그렇게 할 가능성이 높다. 그러나 집에서 부모에게 대답하면 말대꾸한다고 혼나고, 질문하면 쓸데없는 거 물어본다고 혼나는 문화에서 살았던 우리들은 질문하는 것이 상대방을 거스르는 행동이며 협상하는 것은 불효나 무례를 저지르는 일이라고 생각한다. 그러니 사회에 나가서 제대로 자기 목소리를 내는 사람이 없으며 기자들조차도 제대로 된 질문조차 하지 못

아이의 생각이 쑥쑥 자라는 하브루타 부모 교육

하는 사회가 되어버렸다.

유대인들은 자녀들에게 물건을 그냥 사주지 않는다. 특히 자동차라던지 값비싼 물건을 사달라고 할 때 이들은 자녀와 딜을 한다. 부모가 자녀에게 빌려줄 수 있는 돈은 얼마밖에 없으며 빌린 돈을 어떻게 갚을 것인지 자녀와 토론한다. 그리고 지금 사고자 하는 물건이 왜 필요한지 부모를 설득시켜야 한다. 정말 대단하지 않은가? 이런 교육을 받으니 미국에서 가장 유명한 사업가, 변호사들은 유대인일 수밖에 없는 것이다. 지금 우리나라에 이런 교육이 절실히 필요하다. 우리 아이들이 부모에게 의존하지 않고 스스로 독립해서 성공된 삶을 살게 하고 싶다면 지금 당장 경제 교육을 시작해야 한다. 아이들에게 교과서만 외우게 시키지 말고 경제 하브루타를 시작하자.

8
인간다움을 알려주는
양심 하브루타

"사람들이 배우지 않고도 능한 것은 양능良能이고, 생각하지 않고도 아는 것은 양지良知이다."

– 맹자

이 말은 아이들은 가르치지 않아도 도덕에 대한 기본적인 바탕을 알고 있다는 이야기다. 신은 인간에게 일종의 양심이라는 데이터를 집어넣어 놓았다. 그래서 우리들은 아무도 알려주지 않아도 불쌍한 사람을 보면 도와주고 싶고 불의를 보면 분노한다. 형제가 때리면 분노하고 부모에게 억울함을 표시하는 것은 부모가 알려주어서 할 수 있는 일이 아니다. 이것은 신이 인간에게 어떠한 데이터를 넣어 놓았다고밖에 설명할 수 없을 것이다. 이런 기본적인 데이터를 우리 아이들은 다 갖고 태어난다. 그래서 아이에게 선과 악

아이의 생각이 쑥쑥 자라는 **하브루타 부모 교육**

을 따로 가르치지 않아도 아이들은 악당과 영웅을 구별한다. 또 부모의 말을 잘 들어야 하고 부모에게 효도해야 함을 모르지 않는다.

맹자는 인간과 금수의 차이를 이렇게 말하고 있다.

"인간은 도덕심이 있기 때문에 금수와 다르다. 인간이 도덕심을 버린다면 금수와 다를 것이 무엇일까?"

맞는 말이다. 인간이 금수와 가장 다른 점은 도덕심 바로 양심이다. 이 양심이 없는 인간을 사회에서 사이코패스, 또는 소시오패스라고 말한다. 그런데 현실에서의 교육은 사이코패스를 양성하는 교육이라고밖에 말할 수 없는 것들이 많다. 특히 얼마 전 유행하던 드라마 'SKY 캐슬'에서 아이의 인성과 도덕성을 일찌감치 버리게 만드는 것은 바로 어른임을 알 수 있다. 우리 어른들이 아이들의 새싹 같은 양심을 애초에 싹부터 잘라버리고 어른들의 가치를 불어넣어 아이들을 사이코패스로 만드는 것이다. 양심보다 아이들의 성적을 더 중요시 하고, 사람들을 사랑하는 것보다는 돈을 더 중요시 하며, 사람을 무시하고 깔보는 것을 예사로 여기는 사람들이 늘어나고 있다.

맹자는 이렇게 말했다.

"사단 즉 인의예지를 발달시키지 않으면 부모마저 섬기기에도 부족하다."

이 이야기는 무슨 뜻일까? 신이 이미 주신 양심이라는 데이터를 계속 자극 하고 되돌아보지 않으면 아이들은 커서 부모를 공경할 줄조차 모르는 아이로 자란다는 말이다. 이 말은 지금 현실 세계에서 비일비재하게 일어나고 있다. 의사가 되어 부잣집 여자와 결혼하자마자 부모를 버리거나, 존속 살인을 한다거나, 부모가 재산이 없으면 뒤도 돌아보지 않고 버리는 이런 끔찍한 일들이 끝도 없이 일어나고 있다. 이것은 꼭 그 사람의 잘못이라고만 말할 수 없다. 애초에 부모가 그 대부분의 원인을 제공했을 것이다. 부모가 아이에게 인간으로서 사는 것이 어떤 것이며, 인간 됨됨이와 도덕을 강조하면서 아이들을 키우지 않고, 오직 성적과 돈만을 위해서 달려가도록 아이들을 가르친 것이다. 이렇게 가르치면 아이가 커서 부모에게 효도할 것이라고 착각한 것이다. 그런데 돈과 성공만 쫓는 교육을 받은 아이들은 커서 어떻게 부모를 대할까? 자신의 성공 길에 부모가 방해된다고 생각되면 그들은 어떻게 할까? 즉시 부모를 버릴 가능성이 높다. 아마도 아이가 커서 힘없이 늙어버린 부모를 헌신짝 버리듯 버릴 것이라고 생각하면서 돈과 시간을 쏟아붓는 부모는 없을 것이다. 아이들에게 양심과 도덕을 자극하고, 발달시키지 않는다면 아이들은 부모를 공경하지도 않을 것이다.

그렇다면 우리는 아이들에게 어떻게 양심을 자극하는 교육을 할 수 있을까? 그래서 양심 하브루타라고 나는 이름 지었다. 양심 하브루타란 양심을 자극하는 몇 가지 질문들을 아이에게 매일같이 읽어 주면서 양심을 자극하는 방법이다. 자기 전에 몇 가지의 질문들

아이의 생각이 쑥쑥 자라는 **하브루타 부모 교육**

을 아이에게 하기만 하면 된다. 이 몇 가지 질문은 부모를 위한 질문도 있고 아이를 위한 질문도 있다. 그래서 서로 질문하고 생각하는 시간을 갖는 것이다. 이것은 굳이 대답하지 않아도 된다. 억지로 아이에게 답하라고 강요하지 않아도 된다. 아이에게 꾸준히 질문한다면 아이는 아무것도 생각 않는 것 같지만 자기도 모르게 자극받고 생각하게 될 것이다. 이것은 부모에게도 마찬가지다. 부모 또한 매일같이 이 질문을 하면서 자신을 되돌아보고 양심적으로 살려는 노력을 자녀에게 보여주는 것이 가장 좋은 교육이다.

자기 전 양심 하브루타(아이들편 5-11세)
- 오늘 나는 친구(형제자매)를 이해하고 배려했나?
- 오늘 내 욕심만 부리지는 않았나?
- 내가 한 말과 행동 중 친구들이 싫어하는 것은 없었나?
- 내가 한 말과 행동 중에 친구들이 좋아한 것은 없었나?
- 친구나 형제가 미워서 일부러 괴롭힌 적은 없었나?

자기 전 양심 하브루타(청소년부터 부모까지)
- 오늘 내 말과 행동으로 인해 상처받거나 아픈 사람은 없었나?
- 내 말과 행동으로 인해 행복한 사람은 없었나?
- 나의 어떤 말과 행동이 다른 사람을 기분 나쁘게 했을까?
- 나의 어떤 말과 행동이 다른 사람을 기쁘게 했을까?
- 나는 오늘 상대방(아이, 남편, 기타 가족과 친구들)을 진심으로

배려하고 이해했는가?

- 혹시 나는 오늘 상대방이 미운 마음에 배려하고 싶지 않아서 무시하진 않았나?
- 오늘 내 욕심만 부리지는 않았나? 그 욕심으로 상처받은 사람은 없었나?

아이들이 어릴수록 너무 많은 질문을 하는 것은 아이들에게 매우 귀찮고 짜증 나는 일일 수 있다. 그러니 너무 많은 질문은 삼가고 2~3가지 정도만 하면 충분하다고 본다. 여기서 주의해야 할 점은 아이들을 비난하는 말투로 하면 안 된다는 것이다. 아이들을 비난하면서, 또는 지난 일을 들추면서 아이에게 말하는 것은 옳지 않다. 그러면 누구라도 기분이 나쁘다. 또 부모가 하는 모든 행동에 거부반응을 하기 쉽다. 그러니 그냥 질문을 읽어주고 생각할 시간을 잠깐만 갖고 자도록 하는 것이 옳다. 아이에게 억지로 이야기를 하게 하지 말고, 아이가 이야기하고 싶다면 하게 하자. 그러나 하기 싫다면 그냥 자면 된다. 아주 간단하지만 실천해서 습관화시키는 것은 결코 쉽지 않다. 부모의 실천이 먼저다.

맹자는 이렇게 말했다.

舜은 明於庶物하고 察於人倫하니 由仁義行이라.

'순임금은 사물의 이치에 밝고 인륜을 잘 살펴보았는데 이는 인의에 따라 행한 것이다.'

아이의 생각이 쑥쑥 자라는 **하브루타 부모 교육**

이 이야기는 무슨 말일까? 억지로 부모에게 효를 강요하는 것과 아이가 자신의 양심을 따라서 마땅히 부모에게 효를 행하는 것은 매우 다른 것이라는 이야기다. 예를 들어서 부모를 모시는 데 있어서 주위와 사회적 시선이 두려워 부모를 억지로 모시는 것과 진심에서 우러나와 부모를 모시는 것은 굉장히 다르다. 양심적 행동은 억지로 행하는 것이 아니라 마음에서 자연스럽게 우러나와 행하는 것이기에 그 본질부터 다른 이야기다.

대부분의 사람들은 비도덕적 행위에 대해서 비난하는 것에는 익숙하지만 자신의 양심 성찰 에는 익숙지 않다. 인의예지 사단확충을 잘못 적용한 예가 바로 예전 조선 시대의 열녀 사건들을 말할 수 있다. 가문을 위해서 또는 사회를 위해서 사회적 약자를 희생시키거나 자결을 당당히 요구하는 끔찍한 일들이 조선 시대에 매우 많았다. 이것은 자신은 인의예지대로 행하지 않으면서 남에게는 자로 재듯이 하나하나 따져서 물으며 자녀에게 또는 다른 사람들에게 인의예지를 강요함이 얼마나 무서운지를 보여주는 예이다. 그래서 부모가 같이 자기 전에 양심 성찰을 해야 한다고 말하는 이유 또한 여기에 있다. 부모가 행하지 않으면서 도덕성과 효를 아이에게 강요한다면 이것은 조선 시대 며느리를 자결하도록 강요하는 부모와 무엇이 다를까? 부모의 도덕적인 행동과 '자기성찰'하는 모습을 보고 자란 아이들이 자연스럽게 부모에게 효와 존경심을 표현하는 것은 너무나도 당연한 일이 아닐까?

우리 아이가 부모의 강요에 의해서 억지로 효를 행하려고 하는 것보다 마음에서 우러나와 효를 행하는 아이가 된다면 이것만큼 부모에게 뿌듯한 일이 없을 것이다. 늘 자신의 행동을 성찰하고 주위의 모든 사람들에게 좋은 영향력을 행사하는 아이를 자랑스러워하지 않을 부모는 없을 것이다. 또한 앞으로 4차산업혁명 시대에 이런 아이들은 사회가 진정으로 필요한 인재가 될 것이라고 나는 확신한다. 양심 하브루타 자기 전에 읽어주는데 단 몇 분도 안 걸린다. 꼭 아이들과 실천해서 우리 아이들이 한국의 훌륭한 인재들이 되었으면 하는 바람이다.

하브루타는 정말 일상의 많은 것들을 가지고 할 수 있다. 성서를 가지고 할 수 있고 영화를 가지고도 할 수 있으며 위에서 말한 다양한 역사나 명화, 일상들을 가지고 할 수 있다. 그래서 부모가 조금만 관심을 가지면 학원에서 가르치는 것과는 비교도 안 될 정도의 아이들 지적 호기심을 활성화할 수 있다. 너무 바쁜 현대 시대에 맞벌이까지 하는 부모들에게 조금 힘든 일이 될 수도 있다. 그러나 조금만 시간을 내어 설거지하면서 옆에서 재잘대는 아이의 이야기를 들어주고 대화하고, 밥 먹으면서 대화하고, 자기 전 동화책 읽으면서 아이와 대화하는 것은 아이들에게 훌륭한 유산이 될 것이다.

하브루타의
꽃,
질문 코칭

4장

부모 질문의 수준이 아이의 수준을 만든다

하브루타에서 빼놓을 수 없는 것이 바로 질문이다. 하브루타의 꽃이라고 할 수 있다. 그럼 질문은 어떻게 하는 것이 좋을까? 질문하려면 우선 질문이 어떤 것인지 어떤 종류가 있는지 알아야 한다. 그 이유는 우리 아이들의 사고의 폭을 넓힐 수 있는 질문들을 먼저 부모 스스로 익숙해질 필요가 있기 때문이다.

우선 질문의 종류를 알아보는 것은 내가 아이에게 자주 하는 질문이 어떤 유형인지 알아보기 위해서다. 자신이 하는 질문의 유형이 어떤 유형인지 알지 못한 채 아이를 앉혀 놓고 질문만 한다고 하브루타가 되지 않기 때문이다. 뒤에서 설명하겠지만 폐쇄형 질문을 계속하면서 아이에게 생각하고 답변하라고 한다면 어떻게 될까? 아이의 생각을 차단하는 질문을 하면서 생각하라고 한다면?

우리가 질문을 공부해야 하는 이유는 간단하다. 부모의 질문 수준이 아이의 수준을 만들기 때문이다. 부모의 다양하고 창의적이고 다각화된 사고를 기준으로 하는 질문들을 할 수 있느냐 없느냐에 따라서 아이가 창의적인 질문을 할 수 있느냐 없느냐가 판가름난다고 해도 과언이 아니다. 부모의 입에서 나오는 질문의 수준이 폐쇄형인데 자녀에게 특별하고 창의적인 질문을 요구하는 것은 욕심이다. 부모가 모범을 보여주고 실천, 활용하는 모습을 보여줄 때 아이의 질문 수준이 빛이 나게 되어있다. 부모가 어떤 질문을 아이에게 할 수 있는지가 가장 관건이기 때문에 이 질문에 대한 부분을 꼭 짚고 넘어가야 한다.

아이의 생각이 쑥쑥 자라는 **하브루타 부모 교육**

1
질문의 종류

1. 폐쇄형   2. 개방형   3. 객관식형   4. 가정형
5. 구체적 질문   6. 유도 질문   7. 좌뇌형질문   8. 우뇌형질문

– 도로시 리즈의 《질문의 7가지 힘》 43~51쪽, 66~68쪽 참조

질문의 종류 중 가장 중요한 것은 폐쇄형과 개방형 질문이다. 첫 번째 폐쇄형 질문은 단답형의 대답만을 할 수 있는 질문이다.

학교 다녀왔니?

숙제 했니?

이런 질문들은 생각할 수 있는 여지가 없다. 이런 질문은 솔직히 확인을 위한 것이지 질문이라고도 할 수 없다.

엄마가 그거 하지 말라고 했지?

엄마가 숙제 하고 놀라고 했지?

위와 같은 질문은 아이를 추궁하거나 변명하게 만든다. 이런 질문을 폐쇄형이라고 한다. 이런 질문은 아이의 사고를 닫고 긍정적인 사고를 할 수 없게 만든다. 또 아이가 거짓말을 하거나 엄마의 비난을 피하기 위한 다른 생각을 하게 만든다. 우리가 늘 평소에 하는 질문인데 얼마나 부정적이고 아이들에게 나쁜 영향력을 끼치는지 모른다. 부모의 질문이 아이에게 얼마나 많은 영향력을 끼치는지 알 필요가 있다.

다음 2번째는 개방형 질문이다. 개방형 질문은 하브루타에서 사용하는 질문이다. 생각하게 만들고 고민하게 만드는, 또 다양한 관점에서 사물을 바라보게 만드는 그런 질문을 말한다. 개방형은 아이에게 생각할 수 있는 다양한 자극을 끌어낸다. 폐쇄형과는 달리 문제에 대한 본질을 파악하고 더 깊은 고찰을 할 수 있게 만든다.

엄마는 숙제하고 놀았으면 좋겠는데 너는 어떻게 생각하니?

숙제를 미리 하고 노는 것과 나중에 하고 노는 것의 장단점은 무엇일까?

이런 식의 질문은 아이를 생각하게 만들고 해결 방안을 생각하게 만든다. 즉 주체가 부모가 아니라 아이가 되기 때문에 자신의 문제를 스스로 찾고 해결할 수 있도록 만든다. 무조건 아이에게 숙제하고 놀라고 강요하는 것이 아니라 그 문제를 자기 스스로 생각할 수 있는 질문을 하는 것이다.

왜 돼지에게 나쁜 행동을 하지 말라고 이야기하는 친구가 아무도 없을까?
과연 작가는 이 책을 통해서 무슨 말을 하고 싶었던 걸까?
나답게 산다는 것은 어떻게 사는 거지?

이런 질문들이 개방형 질문이며 바로 하브루타에서 사용되는 질문이다. 여러분들이 자주 사용하는 질문은 어떤 질문인가? 부모님들이 사용하는 질문이 어떤 질문인지 생각해보고 개방형으로 바꾸려는 노력이 필요하다.

3번째 객관식 질문이다. 객관식 질문은 아이가 어릴 때 사용하는 것이 좋다. 아직 어린아이에게는 선택의 폭을 줄여주는 것이 아이가 선택하고 결정하기 쉽기 때문에 이런 식의 질문을 하는 것이 좋다. 주로 이런 질문이다.

오늘 저녁 어떤 걸 먹을까? 비빔밥을 먹을까? 된장찌개를 먹을까?
오늘은 이 옷을 입을래? 저 옷을 입을래?

이런 질문이 객관식 질문이다. 아이들에게 어릴 적부터 자신 스스로 선택할 기회를 주는 것이 굉장히 중요하다. 이것을 반복하면 아이가 자신 스스로 무언가를 선택하는데 거부반응이 적어진다. 한국 아이들의 문제점은 부모가 너무 많은 것을 해주기 때문에 자신 스스로 무언가를 할 수 있는 힘이 있다는 것을 인지하지 못하는 것 같다. 그래서 어릴 때부터 이런 문제점을 없애기 위해서 스스로 선택할 기회를 아이들에게 많이 노출 시켜 주어야 한다.

4번째 가정형 질문은 간단하다. 만약에 나라면 어떻게 할 것인지 생각해 보는 것이 가정형 질문이다.

"이 책의 주인공의 마음은 어떨까?"
"네가 이 책의 주인공이라면 어떻게 하고 싶니?"

이렇게 상대방의 입장이 되어보거나 '만약에 ~ 라면'이 들어간 질문이 가정형 질문이다. 이 질문은 상대방의 마음에 공감할 수 있는 능력도 키워주고 아이의 상상력 또한 키워준다. 책 속의 이야기를 다른 방식으로 전개해 나갈 수도 있고 자유롭게 생각하고 표현할 수 있기 때문에 아이들과 가장 재밌게 이야기할 수 있는 질문이기도 하다.

5번째 구체적 질문은 어떠한 상황을 두리뭉실하게 물어보는 것

아이의 생각이 쑥쑥 자라는 **하브루타 부모 교육**

이 아니라 하나의 사건이나 인물을 꼭 집어서 구체적으로 질문하는 것이다.

이 책 읽으니까 어때?
⇒ 이 책 속에 나오는 주인공은 어떤 사람인 거 같아?

오늘 학교에서 어땠어?
⇒ 오늘 짝과 점심시간에 뭐 하고 놀았어?

이런 식으로 구체적으로 아이에게 질문하는 것이다. 두리뭉실하게 물어보는 것보다 구체적으로 질문하는 것이 아이들이 답변하기에 더 편하고 더 많은 이야기를 할 수 있게 만든다. 하브루타는 아이들 입에서 이야기가 계속 나오도록 하는 것이 중요하다. 그러기에 전자의 질문보다는 구체적으로 질문했을 때 아이와 더 많은 대화를 할 수 있고, 확장해서 다른 질문들을 이어나갈 수 있기 때문이다.

다음은 6번째 유도 질문이다. 말 그대로 질문하는 사람이 자신이 원하는 대답을 하게 만들기 위해서 유도하는 식의 질문이다. 이런 질문 또한 폐쇄적 질문처럼 가급적 피하는 것이 좋다. 아이의 생각보다는 부모의 생각을 강요하고, 부모가 원하는 대답을 요구하려는 질문이기 때문이다.

이게 정말 정답이라고 생각해?

정말 범인은 빨간 옷을 입고 있었나요?

이런 질문은 드라마에서도 많이 보았을 것이다. 범인에게 원하는 대답을 끌어내기 위해서 유도 질문하는 것과 같다. 그런데 이런 질문을 아이들에게 하는 것은 바람직하지 못하다. 만일 아이의 입장이라면 취조를 받는 듯한 느낌을 받을 수도 있다. 부모가 질문할 때마다 이런 느낌을 받는다면 자녀는 부모를 피하려고 노력할 것이다.

이 외에도 재밌는 질문이 있는데 그것은 인간의 성향별로 어떻게 질문하는지를 설명한 것이다. 인간의 뇌의 구조별로 구분하는 방법인데 그게 좌뇌형과 우뇌형의 질문이다. 우뇌형 질문은 우뇌형인 사람들의 특징을 말한다. 우뇌형의 특징은 감수성이 뛰어나고 예술적 감각과 느낌을 중요시하는 사람들이다. 이런 사람들이 질문하는데 특징이 있는데 바로 느낌을 묻는 것이다.

"이 상품 써보니까 느낌 어때?"

"여러분 자녀분들과 하브루타 해보시니까 느낌 어떠셨어요?"

이렇게 느낌을 중요시하는 질문을 하는 사람은 우뇌형이다. 반대로 이런 질문을 많이 하는 아이라면 우뇌형 아이라는 소리다. 그렇

아이의 생각이 쑥쑥 자라는 하브루타 부모 교육

다면 좌뇌형은 어떤 유형의 질문을 할까?

"이 상품 써보고 어디가 어떻게 좋은지 설명해줄래?"
"자녀분들과 하브루타를 어떻게 하셨는지 단계적으로 설명해주세요."

이런 식의 질문이 좌뇌형 질문입니다. 우리 아이가 분석적이고 절차를 중요시하는 질문을 한다면 좌뇌형일 확률이 높다.

《질문의 7가지 힘》의 저자 도로시 리즈는 이렇게 말한다. '질문이 사람을 만든다'고 말이다. 그만큼 질문의 힘이 강력하다고 말하고 있다. 그 이유는 질문하게 되면 사람은 생각과 사고를 하게 된다. 이 생각과 사고는 사람의 마음을 변화시킬 수 있고 마음의 변화는 행동의 변화로 이어지기 때문이다. 그래서 질문이 중요한 이유, 질문이 사람을 만든다고 한 이유는 질문을 통해서 사람을 변화시킬 수 있는 강력한 힘을 발휘하기 때문이다. 옛말에 사람이 철이 들면 죽을 때가 된 것이라는 말이 있다. 이 말뜻은 사람이 얼마나 변화되기 힘든지를 알려주는 말이다. 인간은 근본적으로 변화를 싫어한다. 그런데도 질문 몇 개로 사람을 변화시킬 수 있는 힘을 가지고 있으니 얼마나 대단한가? 그럼 질문이 어떤 효과를 가져오는지 잠깐 살펴보자.

2
질문의 효과

1. 사고의 다각화

2. 사회성 발달

3. 정보의 전달

4. 질문은 관심의 다른 말이다.

5. 설득이 가능하다.

6. 컨트롤이 가능해진다.

– 도로시 리즈의《질문의 7가지 힘》내용 참조

질문의 효과에 가장 1번째는 사고의 다각화다. 질문은 사람에게 생각을 자극하고 사고를 하게 만든다. 또 과거를 되돌아보게도 만들고, 미래를 내다볼 수 있게도 만든다. 즉 질문으로 사람은 과거를 보고, 미래를 예측할 수도 있고, 질문으로 새로운 프로젝트의 흐름

아이의 생각이 쑥쑥 자라는 **하브루타 부모 교육**

을 잡을 수도 있고, 질문으로 패션디자인의 컨셉을 잡을 수도 있다. 우리 인간의 뇌는 자극 받으면 자극받는 만큼 더욱 성숙해지고, 깊고, 유용한 결과물들을 만들 수 있는 길을 찾아낸다. 그렇게 유용하고 창의적인 생각을 할 수 있게 만들어 주는 것이 바로 질문이다. 하브루타가 짝과 대화하는 이유가 있다. 그것은 나 한 사람만의 경험과 지식을 가지고 생각하는 것보다 다른 사람의 의견과 경험과 지식을 공유하고 참고하고 배울 수 있기 때문이다. 두 사람과 이야기하면 2배만큼 지혜가 늘어나고, 100사람과 대화하면 100배만큼 지혜와 간접 경험이 늘어난다. 서로 생각하지 못했던 부분을 서로서로 배우고 자극받으면서 같이 성장하는 것이다. 이것이 하브루타에서 가장 중요한 핵심 포인트이다.

2번째 사회성의 발달이다. 질문을 하면 사회성이 좋아질 수밖에 없다. 앞에서 대화의 단계 설명할 때 예를 들었던 것처럼 우리 인간은 서로의 상황에 대해서 질문하지 않으면 알 수 없는 것들이 너무 많다. 그래서 오해도 많이 생기고 갈등도 많이 생긴다. 이런 갈등의 소지를 질문을 통해서 해결하고 더 좋은 방법들을 찾아 나갈 수 있다. 그리고 수많은 오해들을 풀어 관계를 더욱 돈독하게 만들 수 있다.

3번째 정보의 전달. 우리가 질문하면 상대방은 나의 질문에 대해 대답을 해야 한다는 일종의 무의식적 강박감이 일어난다. 그래서 질문을 하면 상대방이 답할 수밖에 없고 답을 회피하려 하거나 하면 더욱 오해를 받을 수 있는 여지도 생긴다. 그래서 대부분의 사람들은 질문을 하면 답변을 하고 우리는 그 사람의 입에서 나온 답변들로 그 사람에 대한 성격, 직업 등도 알 수 있고, 지식과 정보도 전달받을 수 있다.

4번째 질문은 관심의 다른 말이다. 질문은 일종의 관심을 이야기한다. 관심이 없는 것에 대해서 우리는 질문하지 않는다. 우리는 상대방이나 물건, 사건 등에 관한 관심이 생겼을 때 질문을 하고 싶지, 관심이 없는 것에 절대 질문하지 않는다. 그 이유는 질문한다는 것은 머리를 사용해야 하는 일이고 집중해야 질문할 수 있기 때문이다. 그래서 에너지가 많이 소비된다. 그런데 관심도 없는 것에 이런 에너지를 쏟고 싶어 하지 않기 때문이다. 우리 대한민국의 주입식 교육을 받고 자란 사람들은 질문에 대한 두려움이 많다. 질문하는 것도 무서워하지만 질문을 받는 것도 무서워한다. 왜일까? 질문해 본 적이 없어서도 있겠지만 가장 중요한 것은 '질문했다가 괜히 망신당하면 어쩌지?' 이런 생각에 많은 한국인들은 질문을 꺼려한다. 신문기자, 뉴스기자, 등등 언론인들조차도 정치인들에게 비유의 거슬리지 않는 질문들만 골라서 하고 나머지는 피해버린다. 이런 한국인들이 질문하기는 굉장히 어렵고 힘들다. 그런데도 질문한다는 것은 엄청난 용기와 관심이 있다고밖에 볼 수 없는 것이다.

많은 저서에서 보면 상대방의 마음을 사로잡으려면 경청해야 한

아이의 생각이 쑥쑥 자라는 하브루타 부모 교육

다고 말한다. 이런 책들은 영업과 마케팅을 하는 사람들에게 경청하면 고객을 설득시킬 수 있다고 말한다. 그런데 질문으로 상대방에게 내가 당신의 이야기를 잘 듣고 있다고 확인시켜줄 수도 있다. 질문한다는 것은 상대방의 이야기를 제대로 집중해서 잘 듣지 않고서는 할 수가 없다. 건성건성 대충 듣고는 질문을 하기 쉽지 않다. 그래서 집중해서 '당신의 이야기를 듣고 있다'고 확인시켜줄 수 있는 방법이 바로 질문하는 것이다. 그러면 이런 질문을 받은 사람이 질문을 한 사람을 싫어할 수가 있을까? 자신의 말을 집중해서 듣고 있고 질문까지 하면서 열심히 듣고 있는 사람을 싫어할 수 있을까? 정말 나쁘게 매도하기 위해서 유도 질문을 하는 것이 아니라면 우리에게 관심을 가져주는 사람을 싫어할 수 없을 것이다. 우리는 우리의 이야기를 정말 집중해서 들어주는 사람을 주위에서 찾아보기 힘들기 때문에 이런 사람이 나타난다면 당연히 그 사람과 친해지고 싶고 그 사람과 더 많은 대화를 하고 싶다. 이것이 바로 질문이 관심의 다른 말이라는 증거다.

5. 설득이 가능하다. 위의 4번에서 말한 것처럼 질문하면 상대방의 마음을 사로잡을 수 있다. 그 사람과 친분을 유지할 수도 있고 고객으로 발전시킬 수도 있다. 일단 사람의 마음을 열게 되면 설득하기는 굉장히 쉽다. 나에게 전혀 호감이 없는 사람을 설득시키는 것보다 나에게 어느 정도 호감이 있고 관심이 있는 사람을 설득 시키는 것이 더 쉽기 때문이다.

또 다른 이유는 질문으로 상대방의 입장에서 한번 생각해 볼 수 있는 여지를 줄 수도 있기 때문이다. 그렇게 되면 자신이 했던 행동들을 다른 사람의 입장에서 생각해보고 어떤 감정을 경험하게 되는지 객관적으로 알 수 있게 된다. 이렇게 객관적으로 상대방의 입장을 바라보게 되면 함부로 행동할 수 없게 된다.

예를 들어서 아이가 친구를 때렸다. 그때 아이의 잘못을 추궁하고 아이를 혼내는 것보다 더 좋은 방법은 상대방과 입장을 달리하는 질문을 하는 것이다. "만약 친구가 규연이를 때렸다면 규연이는 어떨 것 같아?" 이런 식으로 입장을 달리하는 질문이라든지 상대방의 마음은 어떨지 생각해보게 만드는 질문을 하는 것이 좋다. 당장에 고쳐지지 않더라도 서서히 고쳐진다. 상대방의 입장에서 생각하게 되면 그만큼 자신의 행동이 다른 사람에게 어떤 영향을 미치게 되는지 알 수 있기 때문에 함부로 행동할 수가 없다.

6. 컨트롤이 가능해진다. 이것은 나 스스로에게도 가능하고 상대방에게도 가능하다. 사람은 질문을 하면 생각하고 사고하게 된다. 이 과정에서 사람은 자신이 잘못했던 것을 깨달을 수도 있고 다른 해결 방안을 찾을 수도 있다. 그래서 생각은 마음을 바꾸고 마음은 행동을 바꿀 수 있는 것이다. 물론 변화를 싫어하는 사람에게는 아무런 효과가 없을 수 있다.

질문 ⇒ 생각과 사고 ⇒ 마음의 변화 ⇒ 행동의 변화

아이의 생각이 쑥쑥 자라는 하브루타 부모 교육

앞의 표는 질문을 하게 되면 일어나는 변화이다. 예를 들어서 내가 게임을 너무 좋아한다. 게임을 하루 종일하고 싶다. 이런 나에게 내가 스스로 이런 질문을 할 수 있다.

"이 게임이 10년이 지난 후에도 나에게 이렇게 중요할까?"
"이 소중한 시간을 게임으로 보내는 것이 장기적으로 봤을 때 과연 나에게 이득이 될까?"

이런 질문을 던진다면 당장 멈출 수는 없더라도 점점 게임에 대한 마음이 점점 식을 것이다. 그리고 곧 게임을 멈추게 된다. 물론 이런 질문은 한번 했다고 되는 것은 아니다. 계속 꾸준히 필요할 때마다 한다면 자신을 컨트롤할 수 있는 강력한 무기가 될 수 있다.

하브루타 부모수업 중에 동화 하브루타 실습수업을 하는데 부모님들이 한결같이 하는 소리가 놀랍다는 말을 자주 듣는다. 그 이유는 한 번도 동화책을 이렇게 다양한 관점에서 생각해 본 적이 없다는 것이다. 이런 다양한 관점을 가지고 아이들과 질문을 주고받고 생각할 수 있는 시간을 갖는다는 것이 너무 신기하다는 것이다. 예전에는 동화책을 그냥 읽어주기만 했었고 아이들이 같은 동화책을 자꾸 읽어 달라고 하면 너무 힘들고 짜증이 났다고 한다. 그런데 동화 하브루타 수업을 하고 나서는 집에서 동화책 한권 가지고 10분 20분 아이와 매번 다르게 이야기할 수 있어서 매우 좋다는 이야기를 하고 있다. 이렇게 대화할 수 있는 이유는 동화책을 보는 관점을 부모가 먼저 바꾸어서 생각할 수 있게 되었기 때문이다.

일단 부모님들이 아이들과 다양한 관점에서의 대화와 토론을 끌어내기 위해서는 부모님들께서 먼저 질문에 익숙해져야 하고 생각을 깨는 전환의 기회를 자주 가져야 한다. 앞에서 설명해 드린 것처럼 아무거나 질문한다고 아이의 사고가 넓어지지 않는다. 아이가 생각하지 못했던 방식의 질문들, 또 아이의 상상력이 필요한 그런 질문들을 만드는 연습을 부모님들께서 먼저 익숙해지시는 것이 필요하다. 그렇지 않으면 아이의 생각을 자극하는 질문을 할 수 없고, 아이 또한 창의력 있고 독특한 질문들을 생각하지 못한다. 부모님들이 먼저 익숙해지신다면, 질문하면서 문제를 새로운 각도에서 펼쳐볼 수 있다. 하브루타로 인한 지적 희열, 공감의 감동을 먼저 부모님들께서 경험하셔야 아이들에게도 전달해 줄 수 있다. 부모님 스스로 알지 못하는 것들을 아이들에게 입시 교육 안에서 느끼라고 하는 것은 정말 가혹한 고문과도 같다.

참고로 질문을 하실 때 주의해야 할 점이 있다. 그것은 질문을 받을 때 우리는 생각하고 사고하게 된다. 스스로 질문을 만들어서 그것에 대한 깊은 사고를 할때는 정말 엄청난 에너지와 시간이 소모된다. 그러기에 질문하고 생각하고 사고하는 일은 쉬운 일이 아니다. 특히 자신의 내면을 들여다봐야 하는 질문은 성인들도 싫어하

아이의 생각이 쑥쑥 자라는 하브루타 부모 교육

며 생각하고 싶어 하지 않아 한다. 우리가 어떻게 살아야 하고, 어떻게 사는 것이 인간다운 것인지 일반 사람들은 생각하기조차 싫어한다. 왜? 어렵다고 생각되는 점도 있겠지만 그만큼의 시간과 에너지를 소모해야 하기 때문이다. 그래서 우리 부모님들께 말씀드리고 싶은 것은 아이들에게 재촉하거나 비난하거나 비교하시면 안된다는 것이다.

"누구는 잘만 하던데 너는 왜 못하니?"
"너 왜 엄마가 질문하는데 대답을 안 해?"
"너는 왜 이렇게 생각이 없니?"
"너는 왜 질문을 못 만드니?"

이런 질문들은 앞에서 말한 것과 같이 폐쇄형 질문이다. 이런 질문들은 아이들의 생각을 막아버리고 마음을 닫아버리게 만든다. 대부분의 아이들은 이런 질문을 하는 부모님들과 대화하고 싶지 않을 것이다. 이런 질문들은 가급적 피하고 아이를 기다려주려는 노력이 필요하다. 질문을 함으로써 하게 되는 생각과 사고는 그만큼의 에너지와 시간이 소모되기 때문이다. 이 원리를 모르고 질문했다가는 낭패를 볼 수도 있다. 처음 질문을 하면 어떤 아이들은 다른 짓을 하기도 하고, 어떤 아이들은 대답을 안 하고, 어떤 아이들은 동문서답을 하기 때문이다. 그래서 나는 부모 수업에 오신 부모님들께 되도록 질문은 적게 하고, 아이가 대답하기를 원치 않으면 그냥 넘어가고 다른 이야기를 하면 된다고 알려드린다. 너무 쉬운 것인데도 우리 부모님들은 기다리는 것에 너무 약하다. 하브루타는 장기전의 싸움이다. 하브루타는 지금 하지 않는다고 죽는 것도 아니며 단기간 바짝 한다고 해서 성적이 나오는 교육 또한 아니다. 그러기에 부모님들의 느긋한 마음으로 아이들과 편안하게 오랫동안 지속할 수 있는 방법을 찾는 것이 관건이다.

아이의 생각이 쑥쑥 자라는 **하브루타 부모 교육**

3
톡톡 튀는 질문을
만드는 방법

그렇다면 개방형 질문을 만드는 방법에 대해서 알아보자. 질문은 어떻게 만들면 좋을까? 질문을 처음 만들려고 하면 어렵기 그지없다. 어떻게 질문해야 할지 모르겠고 아이와 무슨 말을 주고받아야 할지 막막한 것이 당연하다. 나 또한 질문을 막상 하려니 처음엔 머릿속이 텅 빈 것처럼 아무것도 생각이 나지 않았다. 그래서 하브루타에 관련된 책들을 빌려다가 질문을 계속 쓰고 또 썼다. 한참을 쓰고 나니 어느 정도 질문을 어떻게 해야 하는지 감을 잡을 수 있었다. 그런데 이렇게 하기 힘들다고 한다면 다음의 방법을 한번 써보자.

참고로 이 질문 만드는 방법은 아이들이 질문을 잘하게 만들기 위해서 설명하는 것이 아님을 이해하셨으면 좋겠다. 이것은 부모님들께서 되도록 빨리 질문에 익숙해지는 것을 돕기 위해서 알려드리는 것이다. 아이들에게 절대로 이대로 질문을 만들라고 강요하지 않길 바란다. 일단 부모님이 질문에 익숙해지셔서 다양한 질문을 할 수 있게 되면 아이는 자연히 부모를 따라서 하게 되어있다. 그렇기 때문에 억지로 아이에게 질문을 만들게 시키지 않기를 바란다. 반듯이 부모님들이 먼저 질문에 대해서 익숙해지고 능숙해져야 한다는 것을 잊지 마시길 바란다.

평서문을 의문문으로 만들기

교과서에 나오는 지문이나 기타 어떤 평서문이든 뒤에 '까'로 변형하는 것이다.

백설공주는 착하고 아름다웠습니다.
⇒ 백설공주는 착하고 아름다웠습니까?

신데렐라는 왕자와 결혼해서 행복하게 살았습니다.
⇒ 신데렐라는 왕자와 결혼해서 행복하게 살았습니까?

이렇게 눈에 보이는 평서문마다 뒤에 '까'를 붙여서 의문문으로 만드는 것이다. 정말 쉽다. 많은 평서문을 가지고 의문문을 만들어보자. 그리고 연습해보자. 그렇게 되면 '까'의 마력에 빠져들 것이다. 평서문을 의문문으로 만들었을 때 어떤 일이 벌어지는가? 아주 간단하고 생각할 것도 없는 평서문을 '까'로 바꾸었을 뿐인데 완전

아이의 생각이 쑥쑥 자라는 **하브루타 부모 교육**

다른 내용의 문장으로 변신한 것 같다. 생전 의문을 가져보지 못한 것들, 너무나 당연한 것들에 대한 의문문이 되기에 아이들의 사고력과 창의력을 높이는 데 정말 좋다.

속담을 의문문으로 만들기

질문을 아이들에게 처음 접하게 할 때는 즐겁고 재밌어야 한다. 그렇지 않으면 아이는 다른 생각을 하거나 딴 곳으로 빠져나가 버린다. 그러기에 처음 하브루타를 접하거나 질문을 처음 만들어 본다면 즐겁고 재밌게 질문을 만들어서 아이와 놀이처럼 하는 것이 중요하다. 놀이여야 아이가 흥미를 느끼고, 질문을 놀이처럼 만들어 낼 수 있기 때문이다. 아이들에게 질문을 놀이처럼 느끼게 만들 수 있는 방법이 있다.

공든 탑이 무너진다
⇒ 공든 탑이 무너질까?

가는 말이 고아야 오는 말이 곱다
⇒ 가는 말이 고아야 오는 말이 고울까?

바늘 도둑이 소도둑 된다
⇒ 바늘도둑이 소도둑 될까?

노래를 의문문으로 만들어 부르기

그럼 노래를 질문으로 바꾸어 보자.

〈악어 떼〉

정글 숲을 지나서 가자

⇒ 정글 숲을 지나서갈까?

엉금엉금 기어서 가자

⇒ 엉금엉금 기어서 갈까?

늪 지대를 건너서 가면

⇒ 늪 지대를 건너서 갈까?

악어 떼가 나올라 악어 떼

⇒ 악어 떼가 나올까? 악어 떼

－《하브루타 질문 놀이》(이진숙 지음) 40-47쪽, 54-55쪽 참조)

아이들에게 호기심과 흥미, 재미는 아주 중요한 요소이다. 이것만큼 아이들을 집중하게 만드는 것은 없다. 아이들에게 흥미도 관심도 없는 것을 가지고 대화와 토론을 한다는 것은 매우 힘든 일이다. 아이가 재밌다고 느낄 때 그때 아이와 깊고 다양한 이야기를 할 수 있기 때문에 처음에 첫인상이 중요하다. 너무 어렵고 복잡한 질

아이의 생각이 쑥쑥 자라는 **하브루타 부모 교육**

문보다는 아이들 수준에서 간단하고 재밌고 엉뚱한 질문들을 생각해서 아이들과 대화하는 것이 더욱 바람직하다고 하겠다.

'왜'를 '어떻게'로 바꿔라

나는 왜 이렇게 하는 일마다 않되지?

⇒ 어떻게 하면 일을 효율적으로 더 잘할 수 있을까?

나는 왜 이렇게 뚱뚱하지?

⇒ 어떻게 하면 날씬하고 예뻐질 수 있을까?

나는 왜 이렇게 공부를 못하지?

⇒ 어떻게 하면 공부를 잘 할 수 있을까?

위쪽 질문은 부정적인 생각을 많이 하는 사람들이 자신에게 하는 질문이다. 아래쪽 질문은 긍정적이고 진취적인 사람들이 많이 하는 질문이다. 위쪽 질문을 보면 폐쇄형 질문이다. 질문을 봤을 때 굉장히 답답하고, 답을 찾을 수 없는 느낌이라서 사람을 무기력하게 만든다. 반면 아래쪽 질문은 긍정적이며 의욕적이고 답을 찾으면 문제를 해결할 수 있을 것 같다. 위 질문을 잘 보면 바로 '왜' 대신 '어떻게'로 바뀌어있다. 즉 개방형 질문으로 만드는 방법 중의 하나는 바로 '왜'를 '어떻게'로 바꾸는 것이다. 간단하다. 단지 '왜'를 '어떻게'라고만 바꾸었을 뿐인데 질문이 확 바뀌어버린다.

'왜'를 '원인'으로 바꾼다

나는 왜 이렇게 하는 일마다 이렇지?

⇒ 내가 하는 일이 잘 안되는 원인은 뭘까?

나는 왜 이렇게 뚱뚱하지?

⇒ 내가 이렇게 뚱뚱하게 된 원인은 뭘까?

나는 왜 이렇게 공부를 못하지?

⇒ 내가 공부를 못하는 원인은 뭘까?

이런 질문은 원인을 분석하고 문제의 핵심을 들여다볼 수 있다. 이런 질문은 자신를 되돌아보고 잘못을 하나하나 생각하면서 수정할 수 있는 좋은 질문이다. 문제를 즉시하고 뒤돌아서 그 문제를 해결하려고 하는 태도는 사회생활을 하는 사람이라면 누구에게나 필요한 능력이다. 이런 질문 하나로 우리는 생각과 행동을 바꿀 수 있다. '왜'를 '어떻게'와 '원인'으로 바꾸기만 해도 개방형으로 바뀌는 것을 볼 수 있다. 정말 간단하고 쉬운 방법이니 꼭 사용해보길 바란다.

아이의 생각이 쑥쑥 자라는 **하브루타 부모 교육**

4
지금 당장 아이에게
필요한 질문은?

우리는 앞에서 질문의 중요성을 배웠다. 그럼 지금 자녀들에게 가장 필요한 질문, 가장 많이 해야 하는 질문은 어떤 것들이 있을까?

1. 국어 능력을 향상 시켜주는 개념 질문은 필수

이제 마지막 하이라이트다. 이것이 어떻게 보면 질문에 있어서 가장 기본이면서 가장 중요하다. 바로 개념질문이다.

"이 단어의 뜻이 무엇인지 아니?"
"작가는 왜 다른 단어가 아닌 이 단어를 썼을까?"

아이들에게 어떤 단어의 뜻과 그 의미를 알려주는 것이 굉장히 중요하다. 그 이유는 아이들에게 개념이 제대로 잡혀져 있지 않다면 똑같은 지문을 보고도 다르게 해석을 하거나 다르게 이해를 하는 일이 발생하기 때문이다. 아주 직접적으로 말하면 개념을 못 잡으면 아이가 문제의 뜻을 이해하지 못하고 오해해서 오답을 선택할 확률이 높기 때문이다. 또 개념을 잘못 잡고 있으면 의사소통에 문제가 생기거나 오해를 불러올 수 있는 일들이 많아진다. 그렇기 때문에 따분하고 어려울 수도 있는 개념 질문은 우리 아이들에게 필수적이다. 인간들은 눈에 보이는 사물에만 이름을 붙이지 않는다. 눈에 보이지 않는 현상이나 추상적인 의미들도 이름을 붙여 놓았다. 그 개념을 많이 알고 있을수록 아이가 이해할 수 있고 생각할 수 있는 폭이 넓어진다. 이것이 점점 쌓여가면 아이의 성적에도 굉장한 도움이 된다.

예 1-1

돼지 삼 형제라는 동화책을 읽어주고 있다고 하자. 그 동화책을 읽어줄 때 짚으로 집을 짓는다는 것을 우리 아이들은 설명해주지 않는다면 이해할 수 없다. 왜냐하면 우리는 어릴 적 짚이란 것이 무엇인지 보고 만져보며 자랐다. 또 초가집도 간간이 볼 수 있었다. 그런데 우리 아이들에게 초가집은 생소한 단어이며 짚으로 집을 짓는다는 것이 어떤 것인지 잘 모른다. 이유는 당연하다. 보고 자라지 못했기 때문이다. 이런 것들을 아이들에게 이야기해주면서 개념을 조금씩 잡아주는 것이다.

아이의 생각이 쑥쑥 자라는 **하브루타 부모 교육**

예 1-2

우리가 가장 흔하게 주고받는 말 '사랑한다', '좋아한다'의 개념과 차이는 무엇이 있을까? '사랑한다'와 '좋아한다'는 눈에 보이지 않는 추상적인 개념이다. 정말 비슷하게 사용하고 둘 다 비슷한 의미를 갖지만 다른 점이 분명히 존재하며 그것을 구체적으로 입으로 설명할 수 있는 사람이 별로 없다. 이것을 가지고 아이들과 이야기해봐도 좋다. 이 개념들을 아이들과 이야기할 때 구체적인 상황을 예시로 들어서 이야기하면 더욱 좋다.

"지아는 텔레비전을 좋아해? 사랑해?"
"지아는 엄마를 좋아해? 사랑해?"

자 이렇게 질문을 아이들에게 던져본다면 아이들과 색다른 이야기를 할 수 있다. 아이들이 '사랑한다'와 '좋아한다'는 개념을 제대로 이해하고 그것에 대해서 구체적으로 생각하게 되는 것이다. 성인들도 마찬가지다. 성인들에게 질문해봐도 각자 다른 대답이 나온다. 그러나 그 대답을 종합해보면 좋아한다는 가벼운 느낌이지만 사랑한다는 무거운 느낌이다. 즉 좋아한다는 가볍게 좋아하다 금방 싫증 날 수도 있고, 싫어질 수도 있다. 그러나 사랑은 싫어도 함께 하는 의미가 담겨있다. 가족을 싫다고 쉽게 버릴 수 없는 것처럼 사랑은 쉽게 버릴 수도 바꿀 수도 없는 것이다.

이런 개념을 아이들과 하나 둘 씩 하브루타 하면서 쌓아간다면 성인이 되어서는 엄청난 내공의 소유자가 될 것이다. 수학도 개념에서부터 시작하며, 원리와 규칙, 법칙이 생겨난다. 국어도 하나의 주제에서 시작하여 시도 쓰고 소설도 쓰며, 인간 생활에 필요한 다양한 단어와 사상 또한 만들어낸다. 과학도 어떠한 가설에서부터 원리를 발견하고 그 원리에서 법칙을 만들어낸다. 그러니 개념이 얼마나 중요한지를 부모님께서 인지하고 있어야 한다. 개념을 충실히 해서 손해 볼 것은 절대 없다.

2. 아이의 마음을 묻는 질문

하브루타를 처음 시작할 때 가장 좋은 질문은 아이를 배려하는 따뜻함이 느껴지는 질문이다.

- 다산 장약용은 뭐 했던 사람이야?
- 다산 정약용은 어떤 책을 썼어?
- 다산 정약용은 어떤 발명품들을 만들었어?
- 이 책의 내용은 뭐야?

위와 같이 질문하는 것은 "너 그거 외웠어?"라고 확인하는 질문이다. 이런 질문은 좋은 질문이 아니다. 처음 하브루타를 할 때는 아이의 마음을 묻고 아이가 무엇을 생각하는지 어떤 느낌이 들었는지 묻는 것이 가장 좋은 질문이다. 이런 질문은 아이의 마음을 열고 뇌를 열어 아이가 스스로 생각하고 성장하게 만들기 때문이다.

지식을 외웠냐고 확인하는 것은 매일같이 학교에서 하는 것들인데 왜 부모까지 그런 질문을 해야 할까? 아이가 부모를 어떤 눈으로 볼까? 아이의 눈에 비친 부모의 모습은 과연 어떤 모습인지 꼭 생각해보고 뒤돌아 봐야 한다.

상대방의 마음을 묻는 질문이 왜 중요할까? 상대방의 마음을 묻는다는 것은 어떤 것을 의미하는가? 만일 여러분의 친구가 당신에게 요즘 당신의 마음이 어떤지 물어온다면 어떤 생각이 드는가? 어떤 마음이 드는가? 이런 질문을 싫어하는 사람은 아무도 없을 것이다. 겉치레로 하는 "요즘 어떻게 지내? 밥이나 한번 먹자." 이런 질문에서 우리는 어떠한 감정도 느낄 수 없다. 그러나 나의 감정이나 마음을 물어오는 질문은 '나'라는 존재 자체를 떠올리게 하고 나에게 집중하고 있다고 말하는 것 같다. 그렇기에 이런 질문을 하는 상대방을 우리는 무시할 수도 미워할 수도 없다. 그 질문 하나로 우리는 한 인격체, 개인으로서 인정받는다고 느끼기 때문이다. 아이에게 틈날 때마다 사랑한다고 말하고 아이의 마음을 물어보자. 그럼 자신의 마음을 늘 물어보는 엄마를 싫어하는 아이는 아마도 이 세상에 없을 것이다.

이렇게 아이들의 마음을 물어보다 보면 아이도 엄마의 마음에 신경을 쓰기 시작한다. 그리고 엄마와의 대화가 자연스럽게 어우러질 것이다. 자신의 마음을 알아주는 엄마와 대화하고 싶지 않은 아이가 있을까? 자라나는 아이에게 부모라면 가장 많이 해야 할 질문이 바로 마음을 묻는 질문이다.

이런 질문을 자꾸 주고받다 보면 어떤 일들이 생길까? 자연스럽게 자신의 마음을 생각하게 되기 때문에 자신을 생각하는 시간이 많아진다. 요즘 아이들에게 가장 필요한 것은 자신을 되돌아보고 살펴볼 수 있게 해주는 것이다. 내 마음이 어떤지 살펴보지 않고 어떻게 알 수 있을까? 자신을 생각할 수 있는 기회와 시간을 많이 확보해 줌으로써 아이가 주체적으로 인생을 살 수 있도록 해주어야 한다. 어떤 인간도 자신을 제대로 살펴보지 않고서 제대로 된 삶을 살 수 없다.

지금까지 질문에 대해서 이것저것 알아보았다. 우리가 질문의 유형, 효과, 방법 등을 알아본 이유는 단 한 가지다. 질문을 잘하기 위해서이다. 하브루타의 꽃이 질문이기 때문에 질문에 익숙해지지 않으면 하브루타가 힘들기 때문이다. 특히 부모님들이 먼저 질문에 익숙해지셔야 가정에서 하브루타를 문제없이 해나갈 수 있다. 아이들에게 시키기 전에 부모님 먼저 질문에 익숙해 지셔야 한다는 것을 꼭 기억하시기 바란다.

아이의 생각이 쑥쑥 자라는 **하브루타 부모 교육**

질문은 이렇게 하는 것이다

- 왜냐면

《왜냐면》안녕달 글, 그림

하브루타를 처음 시작할 때 가장 어려운 것은 무엇일까? 처음 하브루타를 접하시는 많은 분들이 겪는 어려움이 바로 질문을 만드는 것이다. 필자 또한 질문에 대해서 공부하고 연습했는데 나름 내린 결론은 '질문은 쉬워야 한다'이다. 아이들이 할 수 있는 아주 쉬운 질문부터 시작해야 한다. 아주 쉬운 질문이란 어떤 것일까?

이 《왜냐면》이란 책에 보면 아이가 하는 질문은 아주 당연한 것들이 왜 당연한지를 물어보는 질문에서 시작한다. 즉 "엄마 하늘에서 비는 왜 와요?" 이 질문 하나로 꼬리에 꼬리를 물어서 동화책 한 권 분량이 나온 것이다. 또 글도 많지 않으며, 엄마의 대답은 상상을 초월한다. 자연 과학적인 그런 대답이 아니라 엄마가 상상하는 내용의 대답을 하면서 아이와 대화를 이끌어 나가고 있다. 우리 아이와 대화를 이끌어 나가기 위해서는 이런 부분이 필요하다. 5~6세 소녀에게 알아듣지도 못하는 자연 과학의 이야기를 엄마가 한다면, 아이와 대화를 계속 이끌어 갈 수 있을까?. 아이가 어릴수록 재미가 없다면 이야기를 계속 지속할 수가 없다. 아이가 알아듣기 쉽게 동화적으로 상상이 넘치는 그런 대답을 하는 것은 옛날 우리 조상님들이 해주신 이야기에서도 엿볼 수 있다. 달에 살고 있는 토끼, 해님 달님 등의 이야기를 통해서 아이들에게 재미와 상상의 나래를 펼 수 있게 했다. 그와 더불어 자녀와 재밌는 대화를 오랫동안 이끌어 나갈 수 있었다. 하브루타는 이렇게 시작하면 된다.

믿기지 않겠지만, 인간이 지닌 최고의 탁월함은 자기 자신과 타인에게 질문하는 능력이다.

- 소크라테스

내용 하브루타

왜냐면에서 나오는 간단한 질문들처럼 질문을 만들어 보자.

1.

2.

3.

4.

5.

6.

마음 상상 하브루타

'만일 ~ 하다면'으로 시작하는 질문들을 생각하면 된다.

예시 : 만일 네가 주인공이라면 어떻게 하고 싶니?

1.

2.

3.

4.

5.

6.

실천 하브루타

주위에서 흔히 일어날 수 있는 일들, 생각했던 일들로 확장해서
질문하는 것이다.

예시 : (왜냐면을 읽고) 꼬마 남자아이의 바지가 울었다는 것은
어떤 뜻일까?

너도 바지에 오줌을 싸서 곤란했던 적이 있니?

우리나라 옛날 풍습에 오줌 싼 아이에게 어떤 특별한 심부름을
시켰는데 그게 뭔지 아니?

1.

2.

3.

4.

5.

6.

마지막으로 《왜냐면》에서 아이가 질문한 것 중에서 한 가지 질문을 선택해서 답변을 만들어보자. 작가처럼 상상의 나래를 펴고 말도 안 되는 이야기지만 아이들이 흥미 있어 할 이야기들로 만들어보자.

_____

_____

_____

_____

_____

_____

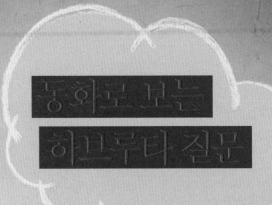

동화로 보는
하브루타 질문

5장

동화 하브루타 특징

어른들이 알고 있거나 지금 대부분의 학생들이 알고 있는 '동화는 어린이들이 보는 것이다'라는 편견을 버렸으면 한다. 예전의 동화는 그랬을지 모른다. 그러나 지금의 동화책들은 어른들이 보아도 생각하고 토론할 것들이 많은 그런 동화책이 엄청나게 많다. 어른들을 위한 동화도 매우 많다. 또한 국내 작가들의 작품도 정말 수준급이다. 별 내용 아닌 것 같은 동화책에서 아이들에게 철학적이고 깊은 사고를 할 수 있는 이야기들을 꺼내올 수 있다. 또 동화책은 읽기 쉽고 짧다. 그래서 시간을 오래 들이지 않고 단 몇 분 만에 아이들과 깊은 대화를 나누기에 매우 훌륭한 재료다. 단 몇 페이지로 사람들이 생각하고 고민할 수 있는 내용을 그림과 글을 함께 엮어서 표현해 놨기 때문이다.

동화 하브루타를 할 때 질문의 종류를 조금 분류하자면 4~5가지로 분류할 수 있는데 그게 바로 내용 하브루타, 마음 상상 하브루타, 실천 하브루타, 종합 하브루타, 양심 하브루타로 나눌 수 있다. 이렇게 분류하는 기준은 질문의 성격에 따라서 분류한다고 볼 수 있다. 질문이 단순히 동화책의 내용을 질문하는 것을 '내용 하브루타'라고 한다. 그리고 동화책 주인공들의 입장에서 생각해보고 상상해보는 것을 바로 '마음 상상 하브루타'라고 말한다. 이렇게 동화책 속 캐릭터의 입장을 알아보고 아이가 실제 생활하는데 적용할 수 있는 질문들이 바로 '실천 하브루타'다. 그리고 나머지 종합적인

아이의 생각이 쑥쑥 자라는 **하브루타 부모 교육**

사고를 끌어내는 질문이 바로 종합 하브루타다. 마지막으로 내가 만든 '양심 하브루타'다. 책을 읽고 내 생활을 뒤돌아보았을 때 깨달을 수 있는 질문들, 내 양심에 맞추어 너무 내 욕심만 낸 것은 아닌지 뒤돌아보는 질문이 바로 양심 하브루타다.

이렇게 간단히 분류해 볼 수 있는데 꼭 이렇게 분류해야 하는 것은 아니다. 집에서 할 때는 그 어느 것이든 엄마가 생각날 때, 또는 아이가 호기심을 가질 때, 그때를 잘 포착해서 질문하는 것이 좋다. 꼭 순서대로 분류대로 질문할 필요는 없으며 너무 많은 질문을 아이에게 할 필요 또한 없다. 간단하게 몇 개 질문을 던지면서 아이와 이야기를 주고받으면 된다. 질문을 분류해 놓은 것은 부모님들 보기 좋게 하기 위해서 분류를 한 것뿐이지 이것을 아이들에게 시키거나 강요해서는 안 된다. 계속 말하지만 동화 하브루타의 목적은 아이의 입을 열기 위함이다. 아이가 부모에게 입을 열지 않는다면 그 어떤 하브루타도 할 수 없다. 그러니 아이의 마음을 편안하게 또 즐겁게, 자연스럽게 아이가 이야기를 할 수 있도록 이끌어 내면 성공이다. 아이가 입을 열었다는 것은 마음을 열었다는 증거이기 때문이다. 하브루타는 이 때부터 진짜 시작이다. 그러니 그 시작을 열기 위해서 동화 하브루타는 굉장히 중요하다. 별것 아닌 것 같지만 자기 전 동화책을 읽어줄 때마다 던지는 엄마의 몇 마디 질문이 우리 아이들의 생각과 마음을 바꿀 수 있기 때문이다. 이것이 익숙해지면 다양한 하브루타로 확장시킬 수 있다. 그러니 동화 하브루타

만큼은 꼭 아이들과 시도하기 바란다.

질문 사용법

다음은 동화마다 대화의 초점을 어디에 두어야 할지 대한 설명과 함께 내용, 마음 상상, 실천, 종합, 인성 등으로 나눠 놓은 질문들이 있다. 이 질문은 처음 질문을 접하고 질문을 어떻게 만들어야 하는지 모르는 사람들을 위한 것이다. 이 질문의 사용법은 간단하다. 동화책을 읽고 아래 질문들 중 한두 개 정도 골라서 아이에게 질문하는 하브루타를 하는 것이다. 아이가 대답하지 않아도 괜찮음을 미리 알려주자. 아이가 어려워한다면 그냥 다른 질문으로 패스해도 된다. 아래 질문들을 처음부터 끝까지 해보려고 하지 말고 그중에서 가장 쉽고 이야기하기 좋을 것 같은 질문을 몇 개만 골라서 이야기하는 것이다. 아이가 반복해서 동화책을 읽어 달라고 한다면 예전에 했던 질문이 아닌 다른 질문을 1~2개씩 골라서 또 하브루타 하면 된다. 아이에게도, 부모에게도 부담스럽지 않는 선에서 하는 것이 좋다.

아이의 생각이 쑥쑥 자라는 **하브루타 부모 교육**

1
나를 찾는
하브루타

《슈퍼거북》유설화

　이 책의 내용은 토끼와 거북이의 뒷이야기다. 이 이야기의 초점은 꾸물이가 거북이답지 않게 토끼처럼 살려고 해서 생겨나는 문제를 이야기한다. 토끼처럼 살기 위해 힘들게 노력해서 나름의 성과도 거두었지만 꾸물이는 행복하지 않았다. 거북이가 거북이답게 살아야 행복하다는 것을 뒤늦게 깨달은 꾸물이는 시합에 지고 다시 행복한 일상으로 돌아가는 내용이다. 내가 이 책을 좋아하고 수업에 가장 많이 사용하는 이유가 바로 여기에 있다. 한참 정체성에 대해서 고민하고 생각해야 할 우리 아이들에게 '나답게 산다는 것은 어떤 것인가'라는 질문으로 아이들 마음에 있는 진짜 자신을 찾아볼 수 있는 시간을 만들어 줄 수 있기 때문이다. 또한 책의 내용이 너무 재밌기 때문에 아이들에게 호응도 굉장히 좋다. 아이가 어린아이일수록 상상하고 재밌는 내용의 질문을 하는 것을 추천하며 나이가 중학생 이상이라면 이 책을 읽고 진짜 자신을 찾는다는 것이 어떤 것인지 아이들과 이야기하면 좋다.

중학생들과 이 동화책을 읽고 '나답게 사는 것'이란 어떤 것인지 이야기해보았다.

"꾸물이는 거북이답지 않게 토끼처럼 살려고 노력하다가 자신이 행복하지 않다는 것을 알았어요. 그럼 여러분에게 '나답게 산다'는 것은 어떤 것인가요?"

역시나 아이들은 대답하는 것은 굉장히 힘들어했다. 아마도 생각해본 적이 없기 때문일 것이다. 그러나 자기 자신에 대해서 관심이 없는 사람이 있을까? 자기 자신에 대해서 생각하고 고민하는 것은 어렵고 힘들겠지만 자신에게 관심이 없는 사람은 없을 것이다. 아이들도 마찬가지다. 질문이 어렵다고 생각되긴 하지만 다들 이런 이야기를 친구들과 또 선생님과 주고받을 기회가 없기 때문에 아이들 반응은 굉장히 긍정적이었다. 또 동화책으로 이런 이야기를 주고받을 수 있다는 것에 매우 신기해하였다. 어떤 학생은 동화책을 보고 또 보면서 관찰하는 모습도 보였다. 아이들이 익숙하지 않을 뿐이지 익숙해지기만 하면 꽤 근사한 질문, 사고를 할 수 있다.

아이는 필요한 만큼 자신에 대해서 모든 것을 알아야 하며, 그것은 자기 자신이 되는 법을 배우는 것과 같다. 수십 년이 걸리거나 아니면 평생이 걸려도 상관없다. 왜냐하면 자기 자신이 되는 것보다 중요한 것은 없기 때문이다.

- 로라 라이딩 잭슨, 시인《질문의 7가지 힘》참조

내용 하브루타

- 꾸물이는 왜 토끼와 달리기를 했을까요?
- 꾸물이는 토끼와 달리는 것이 자신에게 많이 불리하다는 것을 알고 있었나요?
- 꾸물이는 자신이 많이 불리했는데도 불구하고 승리를 얻어냈어요. 승리를 얻은 꾸물이의 마음은 어땠을까요?
- 꾸물이는 왜 빠른 슈퍼거북이 되기로 마음먹었나요?
- 꾸물이는 왜 하루도 빠짐없이 슈퍼거북이 되기 위해 노력했나요?
- 꾸물이는 이제 매우 빠르게 달리기를 할 수 있었어요. 그런데 꾸물이는 행복했나요?
- 꾸물이의 얼굴은 왜 천 년은 늙어 보였을까요?
- 꾸물이가 가장 원하는 삶은 어떤 삶인 것 같나요?
- 꾸물이는 토끼가 잠이 들어서 자신이 승리한 것을 알고 있어요.

그런데 왜 이번에는 꾸물이가 길가에서 잠이 들었을까요?

- 꾸물이는 잠들면 자신이 진다는 것을 알고 있었을까요?
- 꾸물이는 왜 토끼와의 재 시합이 걱정이 되어 잠을 잘 수 없었을까요?
- 재시합에서 진 꾸물이는 어떤 마음이 들었을까요?
- 꾸물이는 재시합에서 진 후 오히려 삶이 편안해진 것 같아요. 왜 그런 걸까요?

마음 상상, 실천 하브루타

- 꾸물이가 토끼를 이긴 것은 끈기와 노력 덕분인가요? 아니면 운이 좋았던 걸까요?
- 꾸물이가 경기에서 승리하고 꾸물이의 삶은 어떻게 변했나요?
- 꾸물이는 사람들이 수군거리는 소리에 어떻게 반응했나요?
- 꾸물이는 정말로 슈퍼거북이 되고 싶었던 걸까요?
- 꾸물이는 거북이예요. 거북이는 당연히 물에서 가장 빠르죠. 그런데 꾸물이는 왜 자신의 장점은 보지 않고 육지에서 슈퍼거북이 되고 싶었을까요?
- 자신이 거북이란 것을 잊고 살 때 꾸물이의 인생은 어떻게 변했나요?
- 자신이 거북이란 사실을 인정할 때 꾸물이의 인생은 어떻게 변할까요?
- 여러분이 여러분 자신을 인정할 때 여러분의 인생은 어떻게 변

아이의 생각이 쑥쑥 자라는 **하브루타 부모 교육**

할까요?

- 여러분은 꾸물이처럼 무리하게 자신을 슈퍼거북으로 만들고 싶어 하진 않나요?
- 자신을 행복하게 잘 경영한다는 것은 어떤 것일까요?
- 슈퍼거북은 다른 사람들의 인정을 받고자 무엇을 포기했나요?
- 지금 슈퍼거북에게 가장 필요한 것은 무엇일까요? 지금 여러분에게도 가장 필요한 것은 무엇인가요?
- 행복은 어디서부터 찾아오는 걸까요?
- 여러분은 꾸물이처럼 뭔가 목표를 세우고 열심히 노력한 적이 있나요?
- 자신이 노력해서 무엇인가를 얻었을 때의 느낌은 어떤가요?
- 꾸물이가 슈퍼거북이 되기 위해 어떤 노력을 했었나요?
- 꾸물이가 한 것 중 여러분도 해본 것들이 있나요?
- 사람들은 왜 가만히 있는 꾸물이를 느림보라고도 했다가 슈퍼거북이라고도 했나요?
- 시합에 이긴 것은 꾸물인데 왜 동네 친구들이 모두 즐거워하는 거죠?
- 동물 친구들은 꾸물이가 이겼을 때는 '꾸물이 만세' 하더니 왜 금세 토끼가 이기니까 '토끼 만세'라고 하는 걸까요?
- 거북이 꾸물이에게 행복한 순간은 어떤 것들인가요?
- 여러분에게 행복한 순간은 어떤 것들인가요?

인성교육 하브루타

- 꾸물이가 상처받은 말은 어떤 것인가요?
- 경기를 보는 많은 사람들은 꾸물이를 배려했나요?
- 왜 사람들은 꾸물이를 배려하지 않았을까요?
- 여러분도 사람들처럼 한 친구를 배려하지 않고 함부로 말한 적이 있나요?
- 친구들의 마음이나 상황은 배려하지 않고 괴롭히거나 욕한 적이 있나요?
- 만일 여러분이 꾸물이처럼 많은 사람들에게 마음 아픈 말을 듣는다면 여러분은 어떤 생각이 들까요?
- 욕하고 싶은 친구의 입장에서 한번 생각해 본 적 있나요?
- 사람들이 무심코 한 말에 여러분도 상처받은 적이 있나요?
- 여러분의 말에 상처받았을 것 같은 사람은 있나요?
- 왜 우리들은 상처를 주고받는 걸까요?
- 서로 상처를 주지 않으려면 어떤 노력을 기울여야 할까요?

아이의 생각이 쑥쑥 자라는 **하브루타 부모 교육**

2
인성교육의
바탕이 되는 하브루타

《아기늑대 세 마리와 못된 돼지》
유진 트리비자스(글), 헬린 옥슨버리(그림)

동화책을 읽어 줄 때 꼭 포인트를 잡고 이야기를 끌어나갈 필요는 없지만, 동화책에서 보여주는 내용에 따라서 약간의 흐름을 잡아서 이야기하는 게 필요하다. 이 책은 하브루타 부모수업에서 인성에 관련된 강의를 할 때 부모님과 하브루타를 했던 책이다. 이 책의 내용은 힘세고 못된 돼지가 아기 늑대들을 괴롭히는 내용이다. 그런데 이 책을 인성교육 관점에서 보면 재밌는 질문들이 쏟아져 나온다. 즉 그냥 동화만 봤을 때하고 양심, 인성에 관련된 주제를 가지고 봤을 때 질문도 달라지고 이야기도 달라지는 것이다.

- 아기 늑대들을 도와준 비버, 코뿔소, 캥거루 등은 왜 아기 늑대를 도와주었나?
- 왜 아기 늑대들을 도와준 비버, 코뿔소, 캥거루는 돼지에게 그렇게 하면 안 된다고 말해주지 않았을까요?
- 왜 아무도 돼지의 못된 행동을 막지 않는 걸까?
- 돼지는 왜 늑대들을 쫓아다니면서 괴롭힐까?

이렇게 다른 시각에서의 질문들을 통해서 아이들의 생각을 깨우고 뇌를 깨우며 양심을 깨울 수 있다. 아래 질문들을 읽으면서 사고를 달리하는 질문, 생각의 전환을 시켜보자.

내용 하브루타

• 엄마 늑대는 왜 아기 늑대들에게 너희들이 살 집을 지으라고 했을까요?

• 아기 늑대들에게 왜 못된 돼지를 조심하라고 했을까요?

• 아기 늑대들이 벽돌을 부탁했을 때 캥거루는 왜 주었을까요?

• 벽돌로 집을 지을 정도면 엄청난 벽돌이 필요할 텐데. 그 벽돌을 전부 다 캥거루가 주었을까요?

• 처음 못된 돼지가 벽돌집을 보고 문을 열어 달라고 했을 때 왜 아기 늑대들은 "우리 집에서 차 마시는 건 꿈도 꾸지 마!"라고 했을까요?

• 돼지가 집을 부수는데 왜 경찰이 잡으러 오지 않을까요? 남의 집

을 부수면 어떤 죄를 짓는 걸까요?

- 늑대들이 비버에게 콘크리트를 부탁했을 때 비버는 왜 줬을까요?
- 콘크리트로 집을 만들 정도면 엄청난 양의 콘크리트가 필요할 텐데 그걸 전부 공짜로 주었을까요?
- 왜 못된 돼지는 집을 다 지은 다음에 찾아올까요?
- 왜 돼지는 자꾸 집에 들어가게 해 달라고 한 걸까요?
- 다이너마이트로 남의 집을 폭파 시키면 어떤 죄를 짓는 걸까요? 어떤 벌을 받아야 할까요?
- 왜 돼지는 후~~ 불어서 날아갈 집도 아닌 걸 알면서 계속 후 불어서 날려버린다고 했을까요?
- 왜 돼지는 늑대가 지은 집마다 찾아와서 부수는 걸까요?
- 왜 아기 늑대들은 경찰을 부르지 않았을까요?
- 아기늑대들은 코뿔소에게 철근과 철사, 강철판을 부탁했어요. 왜 값비싼 철근과 강철판을 코뿔소는 그냥 주었을까요?
- 그렇게 튼튼하게 지은 강철 집이 다이너마이트 하나에 정말로 무너졌을까요?
- 마지막으로 아기 늑대들은 정말로 약하고 흔들거리는 나무와 꽃으로 집을 지었어요. 왜 그랬을까요?
- 집을 지을 정도의 꽃을 홍학이 그냥 준 이유는 뭘까요?
- 아기 늑대가 벽돌, 강철, 콘크리트로 집을 지은 이유는 뭘까요?
- 꽃향기 때문에 돼지가 정말로 착해질 수 있을까요?
- 꽃으로 집을 지을 경우 안 좋은 점들은 어떤 것들이 있나요?

- 왜 늑대들은 마지막까지 "우리 집에서 차 마시는 것은 꿈도 꾸지 마"라고 했을까요?
- 정말 돼지는 왜 아기 늑대들의 집에 왜 그렇게 들어가고 싶어 했을까요?

마음 상상 하브루타

- 돼지가 아기 늑대의 벽돌집에 처음으로 문을 두드렸을 때 아기 늑대들은 어떻게 돼지가 나쁜 돼지라는 것을 한눈에 알았을까요?
- 늑대들이 "차 마시는 것은 꿈도 꾸지 마"라고 말한 것은 돼지가 차를 마시고 싶어 한다는 것을 알고 있었던 것 같아요. 그런데 차 정도는 대접해 줄 수 있지 않았을까요?
- 만일 아기 늑대들이 처음 벽돌집을 지었을 때 돼지에게 차를 대접했다면 어떤 일들이 일어났을까요?
- 왜 돼지를 사람들은 못된 돼지라고 생각했을까요?
- 돼지가 처음 벽돌집에 들어가는 것을 거절당했을 때 마음이 어땠을까요?
- 돼지는 자신의 기분 나쁜 감정을 어떻게 풀었나요?
- 여러분은 기분이 나쁠 때 어떻게 기분을 푸나요? 돼지처럼 친구나 가족들에게 화를 내나요?
- 돼지가 아기 늑대들을 쫓아다니면서 괴롭힌 이유는 친구가 없어서였을까요?
- 돼지처럼 친구들을 괴롭히는 친구들이 있나요? 만일 이런 친구

아이의 생각이 쑥쑥 자라는 **하브루타 부모 교육**

들이 있다면 여러분은 어떻게 할 건가요? 같이 놀 수 있나요? 아
니면 늑대들처럼 도망가나요?

- 여러분은 친구와 친하게 지내고 싶을 때 어떻게 하나요?

- 여기서 돼지가 늑대들에게 한 방법으로 친구를 사귈 수 있을까요?

- 왜 늑대와 돼지는 옷을 안 입고 있는 걸까요?

- 털이 없는 돼지가 옷을 입지 않으니 어떤 느낌이 드나요?

- 반면에 늑대는 털 때문에 옷을 입고 있는 것 같아요. 돼지와 늑
  대의 차이점에 관해서 이야기해봐요.

- 돼지가 매번 힘들게 지은 집들을 부숴버리고 괴롭힐 때마다 아
  기 늑대들은 어떤 마음이 들었을까요?

- 여러분의 주위에서 여러분을 매번 쫓아다니면서 괴롭히는 사람
  이나 사건, 물건들이 있나요?

- 여러분은 꽃향기를 맡으면 어떤 느낌이 드나요?

- 꽃향기를 맡았다고 해서 나쁜 사람이 착한 사람으로 바뀔 수 있
  을까요?

- 나쁜 사람을 착한 사람으로 바꾸는 방법이 있나요?

- 나쁜 사람은 어떤 사람인가요? 그리고 착한 사람은 어떤 사람
  인가요?

- 돼지가 자신이 잘못했다는 것을 깨달았다면 왜 아기 늑대들에게
  미안하다고 하지 않았을까요?

- 현실에서 돼지처럼 행동한다면 어떤 벌을 받을까요?

- 미안하다고 하지 않고 춤만 추는 돼지를 보고서 어떻게 달라졌

다는 것을 알 수 있었을까요?

- 아기 늑대들이 지은 집들(벽돌 집, 콘크리트 집, 강철 집)의 장단점은 어떤 것들이 있을까요?
- 친구와 싸웠을 때 여러분만의 화해하는 방법이 있나요?

종합 하브루타

- 돼지가 집을 부술 때 만일 아기 늑대들이 빠져나오지 못했다면 이야기는 어떻게 변했을까?
- 미안하다고 하지도 않은 돼지에게 왜 작가는 착한 돼지라고 말을 했을까요?
- 사과도 하지 않은 돼지에게 왜 늑대들은 차와 딸기를 대접했을까요?
- 아기 늑대들에게 가장 필요한 것은 어떤 것들이 있을까요?
- 지금의 꽃집에 비가 오면 어떻게 될까요?
- 꽃집은 겨울이 되면 어떻게 될까요?
- 집 짓는 재료로 꽃이 적합할까요? 왜 적합하지 않을까요?
- 꽃과 자연이 인간에게 선물해주는 것은 어떤 것들이 있을까요?
- 혹시 여러분이 못된 돼지처럼 했던 행동은 어떤 것이 있나요?

아이의 생각이 쑥쑥 자라는 **하브루타 부모 교육**

3

미래를 대비하는
하브루타

《걸어가는 늑대들》 전이수

　이 책은 초등학생 저자 전이수 작가의 작품이다. 이 작품이 재밌는 이유는 아이 입장에서 생각하고 상상하는 4차산업혁명의 이야기를 하고 있기 때문이다. 여러분은 4차 산업혁명에 대해서 얼마만큼 알고 있나요? 그리고 그 시대를 대비해서 우리 아이들에게 어떤 교육을 시키고 있나요? 이 책을 보면서 미래를 어떻게 대비해야 할지 아이들과 이야기할 수 있다. 미래의 시대는 어떤 시대가 열릴 것인지 예상도 해보고 무인 자동차가 나오고 무인 버스가 나오면 어떻게 사회가 변하게 될지 상상도 해보는 것이다. 또 아이가 초등학생 고학년 이상이라면 4차산업혁명 시대의 대세, 유행은 무엇일 될 것인지, 그렇다면 너는 무엇을 하고 싶은지, 무엇을 하면서 돈을 벌 수 있을지에 대해서 아이들과 이야기해보는 것이다. 이것을 한 번에 끝내는 것이 아니라 반복해서 아이들과 이야기하면 더욱 좋다.

아이와 미래를 이야기하고 상상하는 것을 반복하면 불투명하던 것들이 조금씩 선명해지기 시작한다. 막연히 생각만 하는 것과 부모님과 이야기하면서 밖으로 표현하는 것과는 천지 차이다. 아이 스스로가 좋아하는 것, 흥미로워하는 것, 스트레스받는 것은 어떤 것들인지 부모님과 대화하고 나에게 맞는 직업이 무엇인지도 같이 생각해 보는 것도 좋다. 이렇게 반복하다 보면 아이는 스스로 무엇을 어떻게 해야 할지 고민하면서 불안해하기 보다는 당당하고 확실하게 가야 할 길을 찾아낼 것이다. 즉 하브루타는 미래를 대비하는 강력한 무기가 될 수 있다.

내용 하브루타

- 늑대가 왜 늑대처럼 안 생겼나요?
- 늑대들이 처음 오름을 보고 어떤 생각을 했나요?
- 늑대는 왜 사람들을 도와주었나요?
- 로봇들은 사람들에게 어떤 영향을 미쳤나요?
- 로봇들이 사람들에게 어떤 협박을 했나요?
- 왜 사람들은 로봇에게 저항하지 않고 시키는 대로 했을까요?
- 로봇은 인간이 만들었는데 왜 로봇들이 주인 행세를 하는 걸까요?

아이의 생각이 쑥쑥 자라는 **하브루타 부모 교육**

- 사람들은 무엇이 두려워 로봇을 없애지 못했을까요?
- 사람들은 로봇들이 온 이후로 어떻게 변했나요?
- 사람들이 로봇을 처음에 좋아했던 이유는 무엇일까?
- 사람들이 로봇이 준 리모컨을 가지고 어떤 일들을 했을까?
- 늑대들이 가져다준 작은 꽃 하나가 어떤 변화를 일으켰나요?
- 왜 사람이 아닌 오름으로 살아가고 있었을까?

마음 상상 하브루타

- 사람들이 오름으로 변하고 죽어가는데도 아무도 변화를 꿈꾸지 않은 이유는 뭘까요?
- 로봇의 리모컨으로 못 하는 일은 무엇이었나?
- 왜 로봇들은 인간들에게 일하지 못하게 했을까?
- 만일 여러분이 움직이기 힘들고, 눈뜨기도 힘들고, 리모컨을 누르기조차 힘들다면 어떨까요?
- 이 책에서 말하는 늑대들은 누구를 의미할까?
- 늑대들은 사람들에게 어떤 존재일까?
- 기계들만 가득한 세상에 꽃 한 송이를 본 사람들의 마음은 어땠을까?
- 만일 여러분의 세상이 꽃 한 송이조차 찾아보기 힘든 게임 속 세상과 비슷하다면 어떤 느낌이 들까요?
- 여러분은 게임 속 세상이 좋은가요? 아니면 놀이터에서 노는 것이 좋은가요?

- 이 책의 작가는 왜 인간을 도와주는 동물을 늑대로 선택했을까요?
- 너무 편한 것만 생각한 사람들이 생각하지 못한 것은 무엇이었을까?
- 앞으로 4차산업혁명 시대에 로봇들이 엄청나게 쏟아져 나온다고 하는데 이에 대해서 여러분은 어떤 생각을 갖고 있나요?
- 앞으로 4차산업혁명 시대를 맞이해서 여러분들은 어떤 생각을 가지고 어떻게 살아야 한다고 생각하나요?
- 주위에서 쉽게 볼 수 있는 꽃과 나무로부터 우리들이 얻을 수 있는 것은 무엇인가요?

실천 하브루타

- 여러분들의 미래의 꿈은 무엇인가요?
- 앞으로 다가올 미래는 우리가 생각하지 못한 시대가 될 것입니다. 로봇들이 즐비 하는 시대에서 여러분은 어떤 직업들이 탄생하고 어떤 직업들이 없어질 것이라고 생각하나요?
- 사람들이 직업을 잃어버리고 오름들처럼 생활한다면 이 세상은 어떻게 변할까요?
- 여러분이 지금 오름처럼 생활하고 있는 것은 없나요?
- 기계가 주는 즐거움과 한 송이 꽃이 주는 즐거움의 차이는 무엇일까요?
- 동화책의 내용에서 오름들의 변화로 앞으로 어떤 세상이 펼쳐

아이의 생각이 쑥쑥 자라는 **하브루타 부모 교육**

질까요?

- 오름들은 어떤 일을 하며 다시 세상을 어떻게 변화시킬까요?
- 여러분들의 지금 일상생활에서 조금 귀찮고 하기 싫은 일들은 어떤 것들이 있나요?
- 그 중에서 기계가 해주었으면 하는 일들은 어떤 것들이 있나요?
- 기계가 일상에서 많은 도움을 주는 것은 사실입니다. 그렇다고 오름처럼 모든 걸 기계에 의존하면 문제가 되겠죠. 어떤 문제들이 생길까요?
- 오름들이 스스로 할 수 있는 일을 찾아서 실행했을 때 너무 기뻐서 눈물이 났어요. 여러분이 어떤 일을 스스로 했을 때 그 만족감과 기쁨을 느낀 사건들이 있었나요? 있었다면 어떤 사건이었나요?

인성 하브루타

- 인간이 인간다움을 버릴 때 어떤 일들이 일어날까요?
- 인간이 인간다울 수 있는 것은 무엇 때문일까요?
- 인간과 로봇의 다른 점은 무엇일까요?
- 인간이 짐승과 다른 점은 무엇일까요?
- 지금 이 시대에 인간들에게 가장 필요한 것은 무엇이라고 생각하나요?
- 인간들은 로봇들을 두려워하면서도 왜 자꾸 로봇들을 만들어내는 걸까요?

4
자신을 컨트롤 하는
하브루타

《욕심쟁이 꼬마괴물 오스카》 첼로 만체고지

이 책에서 가장 흥미로웠던 점은 바로 욕심쟁이 오스카라는 괴물이다. 이 괴물은 꼬마의 마음에 사는 욕심을 이미지화시켜서 나타낸 것이다. 즉 오스카가 커졌다는 것은 아이의 욕심이 컨트롤하기 힘들다는 것이고 오스카가 작아졌다는 것은 꼬마가 컨트롤할 수 있는 범위 내로 욕심이 작아졌다는 것이다. 아이들뿐만 아니라 어른들에게도 이렇게 주체할 수 없는 욕심을 가진 오스카 괴물들이 살고 있을 것이다. 아주 흥미롭게도 이 책에서 오스카를 다룰 수 있는 방법 또한 나온다. 자기 자신을 어떻게 컨트롤해야 하는지를 아이

아이의 생각이 쑥쑥 자라는 **하브루타 부모 교육**

와 이야기할 수 있고 방법 또한 이야기해볼 수 있다.

　인간은 욕심이 지나치면 괴물이 되기도 한다. 자신의 욕심만 따르며 살다가 어느 순간에 사람들로부터 괴물이라는 소리를 듣게 된다. 엄마 지갑에서 시작한 작은 도둑질이 점점 커져서 다른 사람의 생명과 돈을 도둑질하는 사람이 되기도 한다. 그래서 늘 마음의 오스카라는 괴물을 잘 다스릴 수 있어야 한다. 아이들은 아직 어리고 마음을 컨트롤한다는 것이 매우 힘들 수 있다. 그러나 오스카가 커지기 전에 자신의 마음을 다스리는 방법을 아이들과 이야기하는 것은 너무 좋은 일이다. 부모의 어릴적 경험을 이야기해주는 것도 좋다. 또한 지금도 마음 괴물을 컨트롤하기 위해서 부모님들조차 노력하고 있다는 이야기를 해준다면 이보다 더 큰 교육은 아마 없을 것이다.

내용 하브루타

- 오스카는 누구인가요?
- 오스카는 어디에 사나요?
- 오스카의 덩치가 큰 이유는 무엇일까요?
- 오스카가 좋아하는 것은 무엇인가요?
- 꼬마와 오스카 사이에 어떤 일들이 있었나요?
- 꼬마는 왜 슬퍼했나요?
- 오스카가 준 꽃에는 왜 애벌레가 살고 있었을까요?

- 애벌레는 꼬마에게 뭐라고 말해주었나요?
- 꼬마는 애벌레의 말을 듣고 오스카에게 대하는 행동이 어떻게 달라졌나요?
- 오스카가 점점 작아지는 이유는 무엇인가요?
- 꼬마가 오스카랑 잘 지내게 된 계기는 무엇인가요?
- 꼬마는 왜 오스카가 사라지는 것을 바라지 않을까요?
- 오스카의 모습을 보면 괴물인데 왜 무섭게 생기지 않았을까요?
- 오스카에게 도움을 받을 때도 있다고 하는데 어떤 때인가요?

마음 상상 하브루타

- 꼬마의 마음속에 사는 오스카는 어떤 것을 의미할까요?
- 오스카가 크다는 것은 무엇을 의미하는 것일까요?
- 오스카가 작다는 것은 무엇을 의미하는 것일까요?
- 꼬마의 마음에 오스카가 있는 것처럼 여러분 마음에도 컨트롤할 수 없는 친구가 있나요?
- 오스카가 처음부터 이렇게 엄청나게 컸을까요?
- 오스카가 엄청나게 크게 된 이유는 무엇일까요?
- 오스카에게 가장 큰 영향을 미치는 것은 무엇인가요?
- 여러분도 게임을 계속하고 싶은데 참고 견딘 적이 있나요?
- 여러분도 아이스크림이나 과자를 계속 먹고 싶은데 참고 인내한 적이 있나요?
- 부모님이 억지로 못하게 하는 것과 내가 절제하는 것과의 차이

아이의 생각이 쑥쑥 자라는 **하브루타 부모 교육**

는 무엇일까요?

- 자신의 마음을 다스릴 수 있는 것은 누구뿐인가요?
- 여러분은 화가 날 때 어떻게 행동하나요?
- 오스카는 덩치 큰 아기 같아요. 덩치 큰 아기는 어떻게 달래주는 것이 좋을까요?
- 왜 꼬마는 누구나 가끔 혼자 있을 필요가 있다고 말했을까요?
- 오스카가 준 꽃은 무엇을 의미할까요?

실천 하브루타

- 만일 꼬마가 오스카가 하자고 하는 대로 계속했다면 어떤 일들이 일어났을까요?
- 여러분 친구들 중에 자기 욕심대로만 행동하는 친구들이 있나요?
- 마음에 욕심 괴물이 있을 것 같은 친구들이 있나요?
- 그 친구들이 하는 행동은 어떤 행동들이 많은가요?
- 그 욕심 괴물 같은 친구들이 하는 행동에 기분 나쁜 적이 있었나요?
- 여러분도 하지 말아야 하는 걸 알면서도 했던 행동들이 있었나요? 동생을 때리면 안 되는 것은 알지만 때린 적이 있었나요?
- 만약 원하는 것을 모두 다 할 수 있다면 어떤 행동들을 해보고 싶나요?
- 세상에 사는 모든 사람들이 오스카처럼 자기 욕심대로만 살아간

다면 어떤 일들이 생길까요?

- 오스카가 욕심을 부리는 것은 나쁜 것인가요?
- 사람이 욕심을 부리지 않고 살 수 있나요?
- 사람에게 욕심이란 것은 어떤 것을 의미하나요?
- 욕심이 우리에게 가져다주는 것 중에서 좋은 것과 나쁜 것은 어떤 것들이 있나요?
- 사고 싶은 모든 것을 살 수 있다면 어떨까요? 여러분이 가지고 싶은 것은 어떤 것들이 있나요?

종합 하브루타

- 우리가 욕심을 절제해야 하는 이유는 무엇인가요?
- 절제란 단어의 뜻이 무엇인지 알고 있나요?
- 작가가 오스카라는 괴물을 그려서 이야기하고 싶었던 것은 무엇이었을까요?
- 살아있는 사람이라면 누구나 욕심을 가지고 있어요. 그러나 욕심을 컨트롤할 수 있는 사람과 욕심에 휘둘리는 사람과는 아주 다른데요. 어떤 차이가 있나요?
- 여러분들이 가장 욕심내는 것들은 어떤 것들이 있나요? 먹는 것? 옷? 색종이? 색연필? 인형? 장난감? 게임? 등등 여러분들을 절제할 수 없게 만드는 것은 어떤 것들이 있나요?
- 부모님과 선생님에게도 물어봐요. 어른들에게도 욕심이 나서 절제할 수 없는 것들이 있는지 물어보세요.

아이의 생각이 쑥쑥 자라는 **하브루타 부모 교육**

- 부모님은 어릴 적에 어떤 것들에 대해서 욕심을 가장 많이 부렸는지 물어보세요.

- 그리고 부모님이나 선생님만의 절제하는 독특한 방법이 있다면 무엇인지 물어보세요.

- 여러분 버츄카드라고 알고 있나요? 버츄카드는 인간의 내면의 미덕을 52가지로 나눠서 설명하고 있는 카드입니다. 우리는 오스카라는 욕심의 괴물을 미덕의 천사로 바꿀 수 있답니다. 여러분에게 가장 필요한 미덕은 어떤 것들이 있을지 한번 같이 찾아보세요.

5
즐거운
하브루타

《괴물들이 사는 나라》
모리스 샌닥 그림/글, 강무홍 옮김

하브루타는 즐거운 것이다. 다시 말하면 즐겁게 하는 것이다. 아이들과 대화를 한다는 것은 어떻게 생각하면 많은 어려움이 있다. 아이들이 부모의 말을 이해하지 못할 수도 있고 부모가 아이의 마음을 이해하지 못할 수도 있다. 그러나 동화책을 읽고 거기에 관련된 이야기를 재밌게 풀어나간다면 아이와의 대화가 즐거운 대화로 변할 수 있다. 특히 이 책은 아이들의 마음을 굉장히 잘 대변해서 표현해주고 있다. 주인공 맥스가 장난치다가 엄마에게 혼나는 장면,

아이의 생각이 쑥쑥 자라는 **하브루타 부모 교육**

자신만의 세계를 만들어서 그곳에서 자유롭게 장난치는 장면이 아이들의 마음을 정말 잘 대변해주고 있다.

또 이 책의 재밌는 점은 괴물들의 모습이다. 괴물들의 몸을 보자. 괴물들은 사람의 발을 하고 있기도 하고 닭의 발을 하고 있기도 하다. 아이가 알 수 있는 동물들을 섞어서 만든 괴물들이다. 또 이 괴물들의 얼굴을 보면 무섭지 않다. 약간 멍청하고 바보 같은 괴물들이다. 이런 괴물 나라에 맥스가 왕이 되어서 신나게 노는 장면을 아이들과 따라 해 보는 것도 재밌을 것이다. 부모가 괴물이 되어서 멍청한 흉내를 내면 아이들은 더욱 좋아한다. 또 자신이 생각하는 괴물을 그려보는 것도 좋다. 책 읽고 끝나는 것이 아니라 그것을 가지고 놀이처럼 아이와 즐겁게 놀아준다면 책 읽는 것은 아이에게는 더없는 기쁨이 될 것이다.

아이들이 책을 좋아하게 하기 위해서는 책이 재밌어야 한다. 특히 처음 책을 접하는 아이들에게 어렵고 교과서 같은 책을 읽어주는 것은 아이들이 책을 싫어하게 만드는 지름길이다. 부모와 책을 읽으며 즐거운 시간, 행복하고 웃고 떠드는 시간이 있어야 아이는 책이 즐겁고 책을 읽고 싶어 한다. 시작을 이렇게 열어 주어야 아이가 책을 좋아할 수 있는 것이다. 집에만 오면 문제집 풀어야 하고 책 읽고 독후감 써야 한다면 과연 책이 재미가 있을까?
실제로 집에서 너무 공부를 많이 시키는 아이들은 책이라면 진

저리를 친다. 그리고 동화책조차 읽기 싫어한다. 독후감을 써야 하는 것도 아니며 그냥 읽고 즐기는 것일 뿐인데도 책이라면 일단 거부반응부터 보인다. 아이들을 이렇게 키워서는 책을 좋아하게 할 수도 없을뿐더러 스스로 공부하는 아이로 키울 수도 없다. 책만 보면 알레르기 반응을 보이는데 어떻게 스스로 공부하는 아이가 될 수 있을까? 부모님들이 아이와 책 읽는 시간이 즐거운지 아니면 스트레스를 받는 시간인지 아이들 입장에서 생각해 봐야 한다. 그래야 우리 아이가 책을 자연스럽게 받아들이고 스스로 공부하는 아이로 클 수 있다.

내용 하브루타

- 첫 장에 주인공의 개구쟁이 모습이 보이네요. 친구들은 이렇게 괴물 놀이를 한 적이 있나요?
- 맥스는 왜 늑대 옷을 입고 장난을 쳤을까?
- 맥스는 왜 강아지를 괴롭혔을까?
- 엄마는 왜 맥스에게 "괴물 딱지 같은 녀석"이라고 말했을까?
- 맥스는 왜 엄마에게 "잡아먹어 버릴 거야"라고 말했을까요?
- 어른들은 왜 맥스에게 괴물 같다고 말하면서 맥스가 잡아먹어 버린다고 하니까 맥스를 방에다 가뒀을까?
- 맥스와 비슷한 경험을 한 적이 있었나요?
- 맥스의 방이 점점 풀숲으로 변하는 이유는 뭘까?
- 맥스가 혼자서 배를 타고 1년을 넘게 항해를 했을 때 무섭지 않

았을까?

- 괴물 나라에 도착한 맥스는 정말로 무섭지 않았을까?
- 맥스는 마법을 써서 괴물들을 꼼짝 못 하게 했는데 마법은 어떻게 쓸 줄 알게 되었을까?
- 보기만 해도 맥스는 괴물들과 너무나 신나게 놀고 있는데 친구들도 이렇게 신나게 논 적이 있나요?
- 맥스는 왜 괴물 나라의 왕을 그만두기로 했을까?
- 맥스가 다시 집으로 돌아온 이유는 무엇일까?
- 따뜻한 저녁밥을 보고 맥스는 어떤 생각을 했을까?

마음 상상 하브루타

- 내가 맥스였다면 방에 갇혀서 어떤 생각과 행동을 했을까?
- 괴물 나라에서의 맥스는 정말 즐겁고 행복해 보였어요. 그런 맥스가 집으로 돌아가고 싶어 했던 이유는 무엇이었나요?
- 어른들은 왜 얌전히 있는 것을 좋아할까요? 얌전히 있길 바라면서 게임(TV)하는 것은 왜 싫어할까요?
- 맥스가 방에 갇혔을 때 맥스에게 엄마는 어떻게 느껴졌을까요?
- 맥스의 엄마는 왜 맥스의 변명조차 들어보지도 않고 방에 가뒀을까요?
- 맥스의 엄마처럼 부모님들이 여러분의 말을 전혀 들어주지도 않고 혼낸 적이 있었나요? 그때의 마음은 어땠나요?
- 부모님에게 털어놓지 못했던 마음을 친구에게 털어놓은 적이 있

나요? 그랬다면 어떤 일 때문이었나요?

- 맥스의 마음을 풀어준 것은 무엇일까요? 여러분은 먹는 것으로 기분이 풀린 적이 있나요?
- 맥스의 엄마는 왜 저녁밥을 맥스의 책상에 올려놓았을까요?
- 맥스를 혼낸 엄마의 마음은 어땠을까요?

실천 하브루타

- 만약 내가 맥스라면 어떻게 하면 방에 갇히지 않았을까요?
- 맥스의 엄마는 꼭 맥스를 방에 가둬야만 했을까요? 다른 방법 은 없었을까요?
- 여러분이 맥스의 엄마가 되어서 맥스를 타일러보세요.
- 맥스가 한 행동들은 잘한 행동일까요? 다른 방법으로 즐겁게 놀 수 있는 방법은 없었을까요?
- 맥스가 강아지를 괴롭힌 진짜 이유는 무엇이었을까요?
- 왜 맥스의 엄마는 이 그림책에 나오지 않는 걸까요?
- 여러분이 작가라면 어떤 장면을 더 추가하고 싶은가요?
- 여러분의 엄마는 여러분을 혼낼 때 어떻게 하나요? 맥스처럼 방 에 가두나요?
- 엄마를 가장 화내게 만드는 방법을 알고 있는 친구가 있나요?
- 그럼 엄마를 가장 행복하게 할 수 있는 방법을 알고 있는 친구 가 있나요?
- 여러분은 행복한 엄마가 좋나요? 화내는 엄마가 좋나요?

아이의 생각이 쑥쑥 자라는 **하브루타 부모 교육**

- 여러분은 어떤 때에 가장 화가 많이 나나요? 화가 많이 날 때는 어떻게 하나요?
- 화가 많이 날 때 화를 빨리 풀 수 있는 나만의 비법이 있나요?

종합 하브루타

- 맥스는 저녁밥을 보면서 지금까지 한 번도 벗지 않은 늑대 옷을 벗는데요. 왜 늑대 옷을 벗었을까요?
- 맥스가 화를 풀기 위해 한 행동은 무엇이었나요?
- 맥스는 왜 작은 배를 타고 여행을 떠났을까요?
- 여러분이 맥스라면 어떤 배를 타고 여행을 떠나고 싶나요?
- 괴물들은 왜 맥스를 좋아했나요?
- 맥스는 자신을 엄마가 한 말처럼 괴물이라고 생각하는 걸까요?
- 왜 맥스의 탁자에 의자가 없을까요?
- 괴물들의 눈은 왜 노란 눈일까요?
- 가장 마음에 드는 괴물은 어떤 괴물인가요?
- 가장 무서운 괴물은 어떤 괴물인가요?
- 맥스는 괴물들에게는 마법을 사용했어요. 그런데 엄마에게는 마법을 사용하지 않는 걸까요?
- 부모님이 가장 무서울 때는 언제인가요?
- 괴물들과 신나게 놀고 난 맥스의 얼굴이 우울한 이유는 뭘까요?
- 맥스가 괴물 나라에서 집으로 돌아오지 않았다면 어떤 일이 일

어났을까요?

- 맥스 창문에 보이는 달이 초승달에서 보름달로 점점 변하는 이
유는 뭘까요?

6장

1
일상 하브루타
수업

　나는 아이들에게 집안일을 도우면 용돈을 주고 있다. 조금 쉬운 일은 500원, 조금 어려운 일은 1,000원의 가격을 매겨서 그때 그때마다 용돈을 주고있다. 어느날 집안일을 돕고 용돈을 받은 막내는 자신이 그동안 모은 돈을 지갑에서 꺼내서 다시 세어보기 시작했다. 그리곤 잘 모르겠는지, "엄마, 이거 얼마야?" 하고 물어보길래 천천히 아이와 함께 돈을 세어보기 시작했다. 그러고 나니까 "엄마 어떤 돈이 제일 큰돈이야?" 하고 묻는 것이다. 그때 내 머릿속에 드는 생각 '이때닷' 나는 돈을 순서대로 정리해 놓고 아이와 함께 소리 내어 말해 보았다.

　100원, 500원, 1,000원, 5,000원, 10,000원짜리.

　"어 10,000원짜리가 제일 큰 거고 100원짜리가 제일 작은 거야."

　　　　　　　　　아이의 생각이 쑥쑥 자라는 **하브루타 부모 교육**

"엄마 나는 화가가 되고 싶어"

"왜?"

"응 화가가 되면 돈을 그려서 만들 수 있잖아"

"에? 그럼 돈을 만들고 싶어서 화가가 되고 싶은 거야?"

"응"

너무나도 순진한 눈을 하고 그렇게 대답하는데 나는 웃을 수만은 없었다. 그래서 아이에게 대답했다.

"돈을 만들고 싶어서 화가가 되고 싶구나. 그런데 돈을 아무나 다 그리고 만든다면 세상이 어떻게 될까?"

지금 생각해도 여섯 살 아이에게 너무 어려운 질문이었다.

"좋을 것 같아! 돈 많으면 좋은 거 아니야?"

"예솔아! 돈을 아무나 만들면 세상은 굉장히 혼란스러워질 거야. 사람들이 일은 안 하고 앉아서 돈만 만들게 되면 어떻게 될까?"

그래도 예솔이에게는 매우 어려운 내용인 것 같아 빨리 말을 이었다.

"지금 우리나라에서는 돈을 아무나 만들 수 없어. 딱 한 곳 한국은행에서만 만들 수 있어. 한국은행이 아닌 곳에서 돈을 만드는 것은 불법이야. 예솔이 불법이 뭔지 알아?"

"아니 불법이 뭐야?"

"도둑질 한 사람이 잡혀가는 것과 비슷한 일이야. 도둑질 한 사람보다 더 크게 잘못하는 것이 바로 돈을 만들다가 잡히는 거야!"

"그럼 엄마는 내가 싫다는 거야?"

"아니 아니. 돈을 함부로 만드는 것은 나쁜 일이란 것을 알려주는 거야."

"그럼 돈을 그리면 안 되는 거야?"

"아니 돈은 예솔이가 그리고 노는 것은 괜찮아. 그렇지만 슈퍼에 가서 무언가를 사려고 그리는 것은 나쁜 행동이야."

아이에게 너무 어려운 내용이라서 아이가 잘 이해했는지 걱정이 되었다. 그래서 다시 한번 말했다.

"그냥 예솔이가 재미로 그리고 노는 건 괜찮아. 그렇지만 그걸로 슈퍼에 가서 돈을 낼 때 사용하면 안 되는 거야."라고 말해주었다. 아이가 잘 이해했는지는 알 수 없었지만 너무 어려운 내용이 지속되면 아이와 대화가 금방 끝날 것 같았다.

"엄마 근데 왜 돈 색깔이 다 달라?"

우리 아이 입에서 이렇게 다양한 질문이 나올지 몰랐다. 그동안 베드타임 동화를 읽어주면서 몇 가지 질문을 던진 것이 효과를 보는 것 같아서 매우 놀랐고 즐거웠다.

"아 그렇네. 왜 돈 색깔이 다 다를까? 어 그러고 보니 돈에 있는

아이의 생각이 쑥쑥 자라는 하브루타 부모 교육

그림도 다 달라." 하면서 나는 지폐 세 장을 바닥에 가지런히 놓고 ᄀ 속에 그려진 인물들이 다 다른 것을 가리키며 말했다.

"여기 좀 봐, 사람들이 다 다르네?"

"어 진짜? 엄마 다 다르네."

"여기 이 사람이 이황이고, 이 사람은 율곡이이고, 이 사람은 세종대왕이야."

아이는 나를 따라 몇 번 사람의 이름을 따라 읽었다. 율곡 이이의 발음이 어려웠는지 몇 번을 더 따라 했다.

그리고 나는 더 정교하게 집중적으로 인물 뒤에 어떤 배경이 있는지 이야기 해 보려고 했는데 아이의 집중력은 여기서 끝인지 아이가 딴짓을 해서 대화가 끝나버렸다. 6살 아이와 아주 오랫동안 이야기를 주고받는다는 것은 쉽지 않은 일이다. 아이들의 집중력은 아주 짧고 또 재미없으면 금방 다른 화재를 찾아 돌아다니기 때문이다. 그래도 조금씩 대화를 이어나가다 보면 아이와 아주 오랫동안 이야기할 수 있는 날이 올 것이다. 포기하지 않고 편안하게 느긋하게 생각하는 것이 관건이다.

그리고 아이와 씻고 잠잘 준비를 하는데 아이 입에서 또 다른 질문이 나왔다.

"엄마 왜 사람들은 돈을 만들었을까?"

이 질문에 나는 반색을 하면서 아이와 조금 더 이야기하기 위해서 이렇게 말했다.

"그러게 왜 사람들은 돈을 만들었을까?"

그리고 차분히 다시 물었다.

"돈이 없으면 어떻게 될까?"

대답이 없는 예솔이를 보고 답답함을 참지 못하고 나는 돈이 왜 만들어졌는지 아이에게 조금 길게 설명을 해 주었다. 이런 실수는 부모님들이 가장 많이 하는 실수이다. 아이가 대답이 없다면 다른 질문을 하거나 설명을 하더라도 아주 간단하게 끝내는 것이 좋다. 그런데 여기서 부모의 욕심이 들어가는 순간 그 즐거웠던 하브루타는 엉망이 된다.

"엄마 그만해!! 엄마 그렇게 말하면 무섭단 말이야."

"엥? 무서워?"

'아니 돈에 대해서 말하는데 도대체 뭐가 무섭단 말이지?'그리고 보니 아이가 질문하는 것에 매우 신이 나고 흥분해서 나 혼자 막 떠들어 댄 것이었다. 너무 흥분해서 떠드는 모양새가 아이에게는 매우 무서운 모양이었다.

'아!! 내가 너무 내 말만 했구나.' 아이에게 말할 수 있는 기회를 주어야 하는데 나는 아이가 물어본 답에만 집중해서 아이에게 구체

아이의 생각이 쑥쑥 자라는 하브루타 부모 교육

적으로 아주 잘 가르쳐 줄려고 애만 썼던 것이다. '이런! 거기다가
흥분까지 해서 아이에게 무서움까지 안겨주다니……'

하브루타는 대화 기반의 교육인 만큼 엄마 혼자 떠드는 것처럼
위험한 것도 없다. 엄마 혼자 떠드는 것은 하브루타가 아니며, 이
런 일이 반복된다면 아이는 금방 흥미를 잃고 부모의 이야기를 듣
지 않기 때문이다. 처음 하브루타를 하게 되면 부모님들이 가장 많
이 하는 실수이다. 의욕이 앞서서 필자처럼 아이에게 무서움을 주
지 않기를 바란다.

위의 대화처럼 일상의 모든 것이 지혜와 지식이 될 수 있다. 이런
소재들은 주위에 널리고 널렸다. 이런 소재를 가지고 아이와의 대
화를 어떻게 확장시키느냐 그것이 관건이다. 아이에게 용돈을 주
는 사건에서 돈의 모양, 돈의 발행기관, 돈을 만든 이유까지 들어갈
수 있었다. 아이가 어려서 수박 겉핥기식으로 넘어갔지만, 조금 더
아이가 컸을 때는 더 깊게 대화할 수 있을 것이다. 이런 대화가 쌓
이고 쌓이면 지혜와 지식이 되는 것이다. 부모와의 이런 일상의 대
화가 즐거우면 즐거울수록 아이는 주변의 것에 관심을 가지게 되
고 그 관심은 전문적 지식으로 이어실 것이다. 우리들의 모든 일상
을 아이들에게 하브루타로 교육할 수 있다. 아이들의 실패, 또는 실
수를 기회로 우리는 아이들에게 더 좋은 교육을 시킬 수 있다. 이
실수를 부모가 잘 활용해서 더 좋은 교육의 기회로 삼을지, 아니면

아이를 비난하고 수치심을 가지게 만들지는 온전히 부모의 몫이다. 부모의 역할이 정말 중요한 이유는 여기에 있다. 우리 아이들의 실수를 더 성장하는 기회로 만들어 줄 때야 비로소 아이들의 자존감도 올라가고 긍정적인 삶을 살 수 있는 원동력이 되기 때문이다.

아이의 생각이 쑥쑥 자라는 **하브루타 부모 교육**

2
경제
하브루타 수업

　이제 9살이 된 둘째 아이가 다른 아이들에 비해 소비 성향이 강한 것 같아서 조금 걱정이 되던 찰나였다. 아침부터 마트에 가서 2,000원짜리 슬라임을 사 온 사건이 발단되었다. 작년 가을 벼룩시장에 가서 7,000원을 홀랑 다 써버린 둘째였기에 교육이 필요하다고 생각하고는 있었는데 또 돈을 주자마자 마트에 가서 다 써버리는 둘째를 앉혀 놓고 이야기를 시작했다. 처음 2,000원짜리 슬라임을 샀다는 이야기에 내 표정이 안 좋았던지 둘째는 그 자리에서 울고 불면서 나를 탓하기 시작했다. 나는 슬라임은 집에서 가지고 놀면 안 된다는 규칙을 가지고 있었는데 그 이유는 많은 부모님들이 알 것이다. 슬라임을 가지고 놀 때는 즐겁지만 놀고 난 이후에 아무데나 굴리고 치우지 않아서 옷과 이불에 온통 슬라임이 천지가 된 적이 있다. 이 슬라임은 한번 붙으면 지워지지 않아서 모두 다 버려야 되기 때문에 나로서는 어쩔 수 없는 선택이었다. 그래서 집에서는 되도록 슬라임을 가지고 놀지 못하게 하고 있었는데 몰래 마트에 가서 슬라임을 사 온 것이 문제가 된 것이다.

슬라임을 뺏긴 것이 억울한지 한참을 나를 원망하고 울고 하더니 조금 진정이 되었는지 삐쭉삐쭉하며 나에게 와서 잘못했다고 말하는 둘째를 보고 내 머릿속은 복잡했다. 돈을 절약하면서 써야 한다는 것을 어떻게 하면 알려 줄 수 있을까?

한참 고민한 끝에, "부자와 가난한 사람의 차이는 무엇일까?"

갑작스러운 질문에 아이들이 멍한 표정으로 나를 쳐다봤다. 그래서 계속 이어갔다.

'부자는 어떤 사람이고 가난한 사람은 어떤 사람이야?"

첫째 지호가 대답했다.

"부자는 돈을 많이 버는 사람이고 가난한 사람은 돈을 못 버는 사람 아닌가요?"

"그래 맞아. 그런데 꼭 그렇지만은 않아. 이 세상에는 돈을 엄청 많이 버는데도 빚더미에 허덕이면서 사는 사람들이 있는 반면에 돈을 적게 벌어도 금방 모아서 빨리 부자가 되는 사람도 있어."

"……."

"지호야! 빚이 뭔지 알아?"

아직 어린 지호에게 빚은 처음 듣는 단어였던지 이상한 답변을 했다.

"빛이요? 그건 햇빛을 이야기하는 거 아니에요?"

"아니야. 그런 빛이 아니라 빚을 이야기 하는 거야."

"빚이요?"

"그래 빚이 뭔지 알아?"

"아뇨."

나는 빚에 대해서 구체적으로 설명하기 시작했다. 그랬더니 아이가 어려워서 그런가 집중하지 못하고 딴짓을 하기 시작해서 빨리 방향을 바꿔야겠다고 생각하고 얼른 종이에 1,000원이라고 써서 가짜 돈을 만들었다. 그리고 50원짜리를 7개 만들었다.

"만약에 엄마가 지호에게 돈을 1,000원 빌리고 싶어. 그런데 이 세상에 돈을 공짜로 빌려주는 사람이 있을까?"

"아뇨."

"그래, 없겠지? 그럼 어떻게 돈을 빌릴 수 있을까?"

"……."

"돈을 빌리고 싶으면 돈을 빌리고 사용료를 내야 하는 것이 있는데 이게 바로 이자야. 공짜로 돈을 빌려주지 않지만 이자를 내면 돈을 빌릴 수 있어. 예를 들어서 엄마가 너에게 돈을 1000원을 7일간 빌리고 싶어. 그래서 1,000원을 사용하는 사용료를 매일매일 지불하기로 약속하고 돈을 빌리는 거지."

이렇게 아이에게 가짜 돈 50원을 하루하루가 지날 때마다 지불하는 역할극을 하기 시작했다. 그리고 마지막에 1,000원 원금과 함께

주면서 이야기를 했다.

"자 그럼 지호는 돈 천 원을 가지고 얼마의 이익을 얻었지?"

아이가 차분히 생각하더니, "350원이요."

"그치? 어때? 꽤 짭짤하지?"

"(피식 웃으면서) 네, 꽤 괜찮은데요."

"이렇게 돈을 버는 곳이 바로 은행이야."

"아~~."

"그럼 은행에서 돈을 그냥 빌려줄까?"

이번엔 둘째와 역할극을 해보았다. 엄마가 연희에게 돈을 천원을 빌리고 싶은데 돈을 빌려달라고 해보았다. 그리고 다음과 같이 이야기해 보라고 했다.

"엄마 7일 동안 이자를 50원씩 꼭 갚으세요."

"네, 알겠습니다."

그렇게 이자를 2번 내고는 이자를 안 주었다.

"엄마 왜 이자를 안줘요?"

"네, 미안해요 내일줄게요."

"엄마 내일 준다면서 왜 이자를 안 줘요?"

"네, 미안해요 일주일 있다 줄게요."

"엄마 일주일 있다가 이자를 준다면서 왜 안 줘요?"

"미안해요. 한 달 뒤에 줄게요."

처음엔 관심 없던 둘째가 나를 쳐다보길래 아이에게 물었다.

"이 사람은 돈을 갚을 생각이 있는 사람이야? 없는 사람이야?"

"돈을 갚을 생각이 없는 거 같아요."

"그렇지? 돈을 갚을 생각이 없지"

"그럼 연희가 얼마를 손해를 본 거지?"

"1,000원이요."

"그치. 천 원하고 받기로 한 이자 350원 중에 못 받은 250원을 손해 본 거지?"

"네."

"그럼 이런 사람에게 그냥 돈을 빌려주면 될까? 안될까?"

"안 돼요"

"그치? 그래서 은행에서는 돈을 그냥 안 빌려줘. 담보란 것을 받고 빌려주지."

"담보요? 담보가 뭐예요?"

"어 담보란 뭐냐면? 어 연희야 네가 제일 아끼는 인형 하나 가져와 볼래?"

"인형이요? 네, 여기요."

"연희가 엄마에게 돈을 빌리고 싶으면 연희가 아끼는 물건을 엄마에게 맡기고 돈을 빌리는 거야."

"그게 담보예요?"

"맞아. 지금 엄마는 인형을 예를 들었지만, 실제 은행에서는 집, 땅과 같은 것을 담보로 잡고 돈을 빌려주지."

"물건으로 돈을 빌려주는 곳도 있나요?"

"있지 그렇게 해서 돈을 빌려주는 곳을 전당포라고 이야기해."

이번엔 다시 지호와 역할극을 해봤다.

"만일 엄마가 지호에게 인형을 담보로 잡히고 돈을 빌렸는데 이자를 못 갚으면 어떤 일이 생길까?"

"……."

"지호야 엄마에게 1,000원을 빌려주세요."

"(지호에게 말하도록 해보았다) 담보를 가져오세요."

"(인형을 주면서) 담보 여기 있습니다."

"(아이가 직접 말하도록) 여기 천 원이 있습니다. 일주일간 이자를 50원씩 꼭 내세요."

나는 50원을 2번 주다가 주지 않았다. 그리고 물어보았다.

"어때 기분이?"

"네? 나빠요."

"그럼 지금 지호가 얼마를 손해 본 거지?"

"1,000원하고 250원이요."

"그치? 그럼 손해를 보지 않기 위해서 어떻게 해야 할까?"

"담보를 팔아요"

"맞아! 담보를 팔아서 손해를 만회하는 거야. 그래서 은행에 이자를 못 갚으면 집이 날아가는 이유가 여기에 있어."

"어때 지호야? 돈을 잘 못 빌렸다가는 얼마를 손해 보게 되는 거지?"

"집이 날아가요."

"맞아. 1,000원을 빌리고서 30,000원짜리 인형이 그냥 날아가는 거야."

"그럼 돈을 빌릴 때 어떻게 빌려야 할까?"

"돈을 잘 갚아야 해요."

"맞아, 돈을 잘 갚으려면 어떻게 해야 할까?"

"아껴야 해요."

"맞아! 또 다른 방법은?"

"……."

"자신이 갚을 수 없는 돈은 빌리지 않는 거야. 그리고 꼭 빌려야 한다면 철저하게 돈을 갚을 수 있도록 계획을 세우고 돈을 빌려야겠지?"

"네."

이제 둘째에게 물어보았다.

"연희야 네가 지금 10,000원을 가지고 있어. 마트에 가서 1,000원짜리 아이스크림을 사 먹으려고 했는데 마트에 5,000원짜리 아주 맛있어 보이는 아이스크림이 '원 플러스 원' 행사를 하는 거야! 연희는 어떻게 할래?"

"5,000원짜리 아이스크림 살래."

"지호는 어떻게 할래?"

"나는 안 살래요"

"왜?"

"너무 비싸요."

"이렇게 계획하지 않는 돈을 쓰는 것을 충동구매라고 해"

"충동구매를 자주 하게 되면 어떻게 될까?"

"돈을 낭비하게 돼요"

"그치? 돈을 자꾸 낭비하게 되면 어떻게 될까?"

"돈이 점점 없어지게 돼요."

"그치 돈을 저축할 수 없게 되겠지?"

아이와 이야기를 하다 보니 아이들은 이미 내가 알려주지 않았는데도 충동구매가 안 좋다는 것을 알고 있었다. 이렇게 무의식적으로 알고는 있지만, 그것을 꺼내서 부모와 이야기해보는 것과 이야기하지 않는 것과는 천지 차이다. 그리고 하브루타 역할극이 다 끝난 다음에 느낌이 어땠냐고 물었다.

"엄마! 연희 덕분에 새로운 걸 알게 되었네요."

대답하는데 왠지 모를 뿌듯함이 몰려왔다.

일상의 모든 것을 경험하면서 아이들은 성장하고 어른이 된다. 특히 실수하고 잘못하는 일이 있을수록 아이와 이야기할 수 있는 기회가 생기고 더 좋은 정보를 주거나 교육을 시킬 수 있는 계기가 된다. 이 소중한 시간을 화를 내거나 비난을 하면서 보내지 말고 하브루타로 아이의 자존감을 높여주고 실수를 통해서 더욱 성장하는 계기를 만들었으면 좋겠다.

3
명작동화
하브루타 수업

    이 대화는 아주 초창기에 아이들과 하브루타를 시작할 때 했던 대화다. 어설프지만 나름대로 준비와 노력을 많이 했던 때이다. 너무 많은 질문을 퍼부어서 질문에 대한 거부반응을 일으킨 날이 바로 이날이다. 아이들의 생각을 물어보고 천천히 진행해도 되었을 텐데, 그때는 내가 준비한 것을 많이 하는 것이 목표였기에 실수를 한 것이다. 나의 초기 대화의 내용을 보면서 대화를 어떻게 해야 하는지 감을 잡으시길 바라는 마음이다. 또 잘못되고 어설픈 점이 있어도 상관없다는 점을 알려드리기 위해서 이 대화를 실었다. 대화가 길어야만 하는 것이 능사가 아니며, 아이들에게는 간단하게 짧게 하고 넘어가는 것도 요령이라는 것을 알려드리고 싶다. 이 대화를 읽고 부족한 부분은 어떤 부분인지 생각해보고 여러분 가정에서 어떤 식으로 대화를 이어나가야 할지 생각해 보길 바란다.

아이의 생각이 쑥쑥 자라는 **하브루타 부모 교육**

엄마 : 얘들아. 백설공주 이야기 알지? 백설공주에서 나온 여왕은 왜 매일 거울에게 누가 제일 예쁘냐고 물어봤을까?

연희 : 자기가 제일 예쁘고 싶어서.

엄마 : 그래. 왕비는 왜 백설공주를 죽이려고 했지?

연희 예솔 : 자기보다 이쁜 게 싫어서.

엄마 : 음…… 근데 백설공주는 착한 사람이야? 나쁜 사람이야?

연희 예솔 : 착한사람.

엄마 : 왜 백설공주는 난쟁이네 집으로 갔을까?

연희 : 음, 갈 곳이 없어서.

예솔 : 너무 피곤하고 배고파서.

엄마 : 그럼 난쟁이들은 왜 백설공주를 받아주었을까?

예솔 : 너무 이뻐서.

연희 : 예쁘고 사랑스러워서.

지호 : 예쁘기도 하지만 맘씨도 착해서.

엄마 : 근데 좀 이상하지 않니? 백설공주는 왜 난쟁이집 앞에서 기다리지 않고 주인도 없는 집에 막 들어갔을까?

지호 : 너무 힘들고 피곤해서요.

엄마 : 너무 힘들고 피곤하면 남의 집에 막 들어가도 돼?

연희 예솔 : 아뇨.

엄마 : 남에 집에 함부로 들어가는 사람은 착한 사람이야? 나쁜 사람이야?

연희 예솔 지호 : 나쁜 사람이요.

예솔 : 근데 난쟁이들이 백설공주 예뻐서 집에 들어오게 한 거 아니야?

엄마 : 음…… 예쁘면 처음 보는 사람도 집에 들어오게 해도 돼?

지호 : (고개를 가로로 흔들면서) 글쎄.

엄마 : 지호가 잠깐 놀이터에 간 사이에 어떤 여자가 집에 들어와서 "어 집이 더럽네." 하고 청소하고 "먹을 게 없네." 하고 먹을 것 만들고 지호 침대에서 자고 있으면 어때? 기분이 어떨 것 같아?

예솔 : 싫어요. 너무 싫을 거 같아.

연희 : 난 절대 용서 못 해.

엄마 : 그럼 또 궁금하지 않니? 난쟁이들이 그렇게 백설공주보고 조심하라고 했는데 왜 백설공주는 못생긴 마녀가 준 사과를 먹었을까?

연희 : 백설공주가 사과를 좋아해서 사과를 먹었을까?

엄마 : 그 전에 빗도 줬었잖아. 빗도 받아서 큰일 날 뻔하지 않았어?

연희 : 그런거는 진짜 디즈니가 만든 게 아니잖아.

엄마 : 그래 그럼 디즈니만화에 나온 것만 이야기하자. 그럼 다음으로 넘어가자. 백설공주는 죽었었잖아.

예솔 : 아니야. 깊은 잠에 빠진 거야.

엄마 : 음 깊은 잠에 빠진 거야?

연희 : 죽으면 다시는 못 깨어나 뽀뽀해도.

엄마 : 지호는 과학을 좀 아니까, 뽀뽀한다고 기절했던 사람이 일

　　　　　아이의 생각이 쑥쑥 자라는 **하브루타 부모 교육**

어날 수 있어?

지호 : 백설공주에 나온 뽀뽀와 같은 깊은 사랑이 절망을 이기기 때
　　　문에 그런 거 아니에요?

엄마 : 오호, 역시 오빠라 굉장히 깊은 이야기가 나오네. 그런데 백
　　　설공주는 처음 보는 왕자한테 어떻게 첫눈에 반했을까?

지호 : 자신을 살려주었기 때문에.

연희 : 잘생겨서.

예솔 : 잘생기고 멋있어서.

엄마 : 지호야. 지호가 길을 가는데 어떤 여자가 잠들었네. 혹은 죽
　　　었네. 그 여자한테 뽀뽀할 수 있어?

예솔 : 아니.

연희 : 아니 난 절대 안 할 거야.

엄마 : 그러고 보면 백설공주 이야기는 불가능한 일들이 너무 많
　　　지 않니?

지호 : 어. 그런 거 같아요.

엄마 : 지호 아무리 예뻐도 죽은 사람한테 뽀뽀할 수 있어?

지호 : 없어.

엄마 : 끔찍할 거 같지? 근데 왕자는 그 백설공주가 살아났을 때 뭘
　　　보고 결혼하자고 했을까?

연희 : 내 생각에는 예뻐서 같아.

엄마 : 예쁘면 아무것도 안 물어 보고 결혼해도 돼?

연희 : 아니요.

예솔 : 아니요.

엄마 : 그 여자에 대해서 아무것도 몰라도 예쁘기만 하면 결혼해도 돼? 너희들 겨울왕국 봤지? 겨울 왕국에서 안나가 처음 보는 왕 자랑 결혼하려고 해서 어떻게 됐지?

예솔 : 한스 왕자?

연희 : 음 춤췄어.

엄마 : 한스 왕자랑 결혼한다고 했을 때 언니가 반대했잖아. 근데도 결혼한다고 했는데 나중에 한스가 어떻게 했지?

지호 : 한스가 배신했어.

엄마 : 그렇지, 한스가 안나 죽이고 자기가 왕이 되려고 했잖아. 처 음 보는 사람하고 결혼하는 건 괜찮은 결정일까?

지호 : 아니! 좀 더 생각해 봐야 할 것 같아요.

엄마 : 다시 백설공주 이야기로 돌아가서 그렇게 예쁜데 왜 난쟁이 들은 안 좋아했을까? 난쟁이들도 백설공주 좋아하지 않았을까?

연희 : 난쟁이들도 백설공주 좋아해. 백설공주가 난쟁이들한테 요 리해주는 거 봤다.

엄마 : 음…… 그래. 근데 왜 결혼은 왕자하고 해?

연희 : 글쎄, 멋있어서?

예솔 : 잘생겨서?

엄마 : 난쟁이들은 백설공주를 먹여주고, 돌봐주고, 재워주고, 보살

아이의 생각이 쑥쑥 자라는 **하브루타 부모 교육**

퍼줬는데 왜 결혼은 왕자랑 하지?

예솔 : 심술이는 백설공주 봐도 화내잖아.

엄마 : 그래?

예솔 : 나 심술이 봤는데, 심술이는 백설공주 봐도 이렇게 고개를 돌렸어.

엄마 : 음, 진짜? 처음 봤을 때?

예솔 : 응.

엄마 : 근데 처음 보는 사람한테는 그렇게 해야 해. 한스 왕자처럼 두 얼굴을 한 사람일지도 모르잖아.

엄마 : 지호가 왕자라면 백설공주를 왕국으로 데려갈래?

지호 : 아니.

엄마 : 그리고 왜 왕자는 잘생겨야 해?

연희 : 아니 뚱뚱한 왕자도 있고 못생긴 왕자도 있고 멋있는 왕자도 있고 어정쩡한 왕자도 있지 않아?

엄마 : 그렇지? 근데 만일에 백설공주에게 뽀뽀한 왕자가 뚱뚱하고 못생긴 왕자라면 백설공주가 사랑에 빠졌을까?

연희 : 아니, 돼지 같아서 그냥 난쟁이들이랑 살고 나중에 더 멋있는 사람이랑 결혼할 거야.

엄마 : 왜? 아까는 목숨을 구해준 사람이라서 좋은 거라며? 그럼 뚱뚱하든 못생기든 그게 무슨 상관이야?

연희 : 그건 내가 말한 게 아니라 오빠가 말한 거라고.

엄마 : 음.. 그래. 엄마는 또 궁금한 게 있어. 왕비는 백설공주 빼면

자기가 2등이잖아. 그렇게 제일 예뻐지고 싶어서 안달인 사람이 왜 백설공주한테 사과를 주러 갔을 때 끔찍하게 생긴 노파로 변장해서 갔을까?

연희 : 늙으면 할머니들은 다 못생겼잖아.

엄마 : 못생긴 할머니만 있어? 예쁜 할머니도 있잖아.

지호 : 늙으면 다 비슷비슷하잖아.

엄마 : 그렇게 예뻐지고 싶어서 백설공주를 죽이려고 한 사람이 왜 그렇게 끔찍한 얼굴의 노파로 변했을까? 싫지 않았을까?

시가 : 아, 그런 디즈니가 그렇게 그린 거잖아.

지호 : 그린 사람 맘이지…….

엄마 : 그린 사람 맘이야? 하하하.

아이의 생각이 쑥쑥 자라는 **하브루타 부모 교육**

4
이솝우화
하브루타 수업

엄마 : 여우와 두루미의 내용은 어떤 내용이야?

지호 : 서로 자기만 생각하는 거요.

엄마 : 맞아. 그럼 여우가 진짜로 두루미를 대접하고 싶었다면 어떻게 하면 좋았을까?

지호 : …….

엄마 : 만일 엄마가 지호를 초대했는데 지호가 좋아하지는 않는 음식을 대접한다면 지호는 기분이 어떨 것 같아?

지호 : 나빠요.

엄마 : 그치? 그럼 여우가 두루미를 진짜로 대접하려고 했다면 어떻게 해야 했을까?

연희 : 호리병에 넣어서 대접했어야 해요.

엄마 : 맞아. 그럼 그건 우리가 지난번에 배웠던 미덕 52가지(버츄

카드) 중에 어떤 것에 속할까?

지호 : 친절이요.

엄마 : 오 맞어.

지호 : 배려

엄마 : 맞았어. 배려야 그럼 여우가 진심으로 두루미를 배려했다면 어떻게 해야 했을까?

지호 : 호리병에 넣어줘야 해요.

엄마 : 맞아. 그런데 여우는 두루미가 어떻게 먹는 것이 좋은지 모를 수도 있잖아. 그럴 땐 어떻게 하면 좋을까?

아이들이 묻는 질문이 어려웠는지 엉뚱한 대답을 했다. 그래도 끝까지 들어주고 또 다르게 질문을 이어갔다.

엄마 : "여우는 접시에 먹는 것을 좋아해서 두루미도 접시에 먹는 것이 좋을 것이라고 생각했어. 그런데 여우는 두루미가 못 먹고 있다는 것을 보았을 거 같지 않니?

지호 : 네.

엄마 : 그럼 어떻게 해야 했을까?

지호 : 호리병에 넣어서 줘야 해요.

엄마 : 음, 엄마 생각에는 가장 좋은 방법은 물어보는 거야. 나는 접시에 먹는 것이 좋은데 너는 어떻게 먹는 것이 좋으니? 또는 불편한 것은 없니?

연희 : 근데 엄마 못 물어볼 수도 있잖아요.

아이의 생각이 쑥쑥 자라는 **하브루타 부모 교육**

엄마 : 맞아. 그럴 수도 있지. 못 물어볼 수 있는 경우는 어떤 것들
　　　이 있을까?

연희 : 상대방이 무서울 때요.

엄마 : 아……. 그렇구나. 엄마 생각은 그래. 누가 초대했지?

연희 : 여우요.

엄마 : 그럼 손님을 초대한 여우는 손님이 즐겁게 있다가 가도록 신
　　　경을 써야 하잖아. 불편한 것은 없는지. 필요한 것은 없는지 물어
　　　보는 것이 손님에 대한 예의지.

예솔 : 엄마 밥 더주세요.

엄마 : "그럼 다시 여우와 두루미 이야기로 돌아가 볼까? 예솔이가
　　　고기를 좋아하고 야채를 싫어하는데 엄마가 야채 비빔밥을 대
　　　접했어. 그럼 예솔이 기분이 어때?"

예솔 : "나빠요."

엄마 : 진짜 배려를 한다면 어떻게 해야 한다고?

예솔 : "네 물어봐야 해요."

　　이때 첫째 아이가 막내 아이에게 소리를 지르는 사건이 생겼다.
저녁을 다 먹고 새로 산 딸기잼이 먹고 싶었는지 빵에 잼을 발라 먹
고 싶다는 아이들에게 빵을 구워주던 차였다. 막내 아이가 딸기 잼
을 바른 숟가락을 입에 넣었다고 지호가 화를 낸 것이었다.

엄마 : "지호야, 식탁에서 소리 지르는 건 안 돼, 그리고 너희들

도 서로 무시하는 발언을 하거나 비웃어서도 안 돼. 아까 뭐
라고 했지? 오늘 상대방을 배려하려면 어떻게 해야 한다고 했
지? 물어보라고 했지?"

지호 : "네."

엄마 : "그럼 예솔이에게 숟가락을 왜 입에 넣었는지 물어볼래?"

지호 : "너 왜 숟가락을 입에 넣었어?"

예솔 : "그냥 잼이 먹고 싶어서 그랬는데 오빠가 싫어하는 줄은
몰랐어."

지호 : "다 같이 빵에 발라 먹는 건데 앞으로 안 그랬으면 좋겠어."

예솔 : "알았어, 다시는 안 그럴게."

대부분의 많은 가정에서 내가 겪은 상황과 비슷한 일들이 많을
것이다. 우리 집도 별반 다르지 않다. 그런데 예전 같으면 막내 예
솔이는 울고, 첫째는 더욱 화를 내면서 아이를 때리려고 하고, 정말
생각만 해도 끔찍한 일이 벌어지기 직전이었다. 그 순간 물어보라
고 이야기만 했을 뿐인데 사건은 성냥불 꺼지듯이 사라졌다. 이것
이 하브루타의 가장 큰 장점이 아닌가 싶다. 이솝우화 여우와 두루
미 이야기를 했을 뿐인데 이 이야기에서 우리는 배려라는 미덕의
덕목을 찾았고 그것을 활용하는 방법까지 그 자리에서 10분도 안
되는 시간에 끝내버린 것이다. 하브루타로 우리는 지적인 교육부터
인성교육까지 한 번에 가능한 것이다.

아이의 생각이 쑥쑥 자라는 **하브루타 부모 교육**

5
한자
하브루타 수업

한자 하브루타 시작하기 전에 말하고 싶은 것이 있다. 아래의 내용은 어떠한 종교를 선교하거나 그 종교가 진짜라고 말하고 싶어서 하브루타를 한 것이 아니다. 전 세계를 통틀어서 아담과 하와 이야기를 모르는 사람이 과연 얼마나 될까? 이렇게 간단한 스토리텔링 하나로 우리 아이들이 재밌게 한자를 배울 수 있다는 점에 착안해서 나는 한자 하브루타를 만들었다. 어떠한 종교를 강조하기 위해서 한 것이 아님을 꼭 말하고 싶다. 즉 우리 아이가 어떠한 한자를 보고 전 세계 사람들이 대부분 알고 있는 아담과 하와 이야기가 생각이 난다면 그 한자를 잊어버릴 수 있을까? 또 우리 아이들이 한자를 외우는 것이 매우 힘들다. 어렵고 뜻도 음도 여러 가지이며 쓰는 것은 더욱더 어려운 한자를 이렇게 간단한 하브루타로 아이와 재밌게 배울 수 있다는 점이 너무 좋았다. 아이들의 교육에서 유대인들이 사용하는 스토리 텔링의 굉장한 장점을 한자에서 체험할 수 있다. 한자의 재미에 한번 푹 빠져보자.

裸 (옷벗을, 벌거벗을 라) 衣 (옷 의) + 果 (과실 과)

엄마 : 이것 좀 봐 왜 '옷 의'와 '과일 과'자가 합쳐졌는데 어떻게 '벌거벗을 라'가 될까?

지호 : 과일이 옷에 묻으니까 옷 벗으라는 그 말 아냐?

엄마 : 와 진짜 기발하다. 어떻게 그런 생각을 다 했데?

지호 : 엄마 또 있는데 예를 들어서 잘못이 내 몸에 베어버려서 그것을 씻어낸다. 벗어버린다. 이 뜻 같아.

엄마 : 와 진짜 기발하다. 지호야, 멋진데. 그럼 이 '올 래'자는 어떻게 생긴 거 같아?

지호 : 음 나무에 사람들이 온다, 뭐 이런 뜻 같은데.

엄마 : 아 나무에 사람들이 오다.

지호 : 사람이 두 명 있는 거 보니까 많은 사람들이 나무 밑으로 오다, 이런 뜻인 것 같아, 나무에서 일하려고 나무에 오다 이런 뜻인 거 같아.

엄마 : 근데 왜 '오다'지?

지호 : 나무에 오는 거잖아.

엄마 : 그거는 '모이다'라고 말하면 되지 않을까? 이거는 '오다' 잖아.

아이의 생각이 쑥쑥 자라는 **하브루타 부모 교육**

지호 : 나무에 사람들이 오다라고 표현하면 되잖아.

엄마 : 음, 그렇군. 엄마는 이 한자 보고 아무 생각도 못 했는데 지
호는 막힘없이 나오네. 아이디어 너무 좋다.

지호 : 어때? 내 아이디어 좋지?

엄마 : 그래 너무 멋지다. 엄마가 얘기해 줄게. 혹시 지호야, 아담
과 하와 이야기 알아?

지호 : 어, 알어.

엄마 : 아담과 하와가 어떻게 되지?

지호 : 하느님이 아담을 만들고 옆구리 뼈 빼서 하와 만들었잖아.

엄마 : 어 또 있지. 아담과 하와가 선악과 먹고 에덴 동산에서 쫓
겨났지.

지호 : 어.

엄마 : 자 이 글자봐.. 아담과 하와가 뭘 먹었지?

지호 : 선악과.

엄마 : 맞아. 과일 선악과를 먹었지. 먹고 어떻게 했지?

지호 : 쫓겨났지.

엄마 : 그래 선악과를 먹고 자기가 벌거벗은 줄 알고 옷을 지어 입
었지.

지호 : 아.

엄마 : 여기 선악과를 먹고 옷을 지어 입은 게 '벌거벗을 라'야 재
밌지?

지호 : 근데 나도 과일은 얘기 했잖아.

엄마 : 네가 해석한 게 틀렸다는 게 아니야. 지호야, 이렇게 해석하
는 방법도 있다고 알려주는 거야.

지호 : 아…….

來(올래) 人 + 人 + 木

엄마 : 자 그럼 '올 래(來)'자는 어떻게 해석할까?

지호 : 이것도 아담과 하와가 관련된 건 아니지?

엄마 : 맞아! 아담과 하와 이야기야.

지호 : 음… 그럼 아담과 하와가 관련되었다면 두 사람이 선악과
를 따는 거 같아.

엄마 : 아! 두 사람이 선악과를 따는 것처럼 보이는구나. 아 근데
지호야, 아담이 선악과를 같이 따지는 않았어. 하와 혼자 땄지.

지호 : 아 맞다.

엄마 : 여기 이 나무 좀 봐. 이 나무 엄청나게 크게 그렸지?

지호 : 어.

엄마 : 여기 이 두 사람은 작게 그렸지? 이거 꼭 숨어있는 것처럼
보이지 않니?

지호 : 어?

엄마 : 엄청나게 큰 나무 뒤에서 숨어있다가 하느님이 찾으니까 고
개를 쏙 내밀고 나오는 모습이래.

지호 : 뭐?

엄마 : 웃기지? 선악과를 먹고, 아담과 하와가 자기가 벌거벗은 줄 알고 큰 나무 뒤에 숨어있다가 하느님이 "아담아, 아담아." 하고 부르니까 그때 고개를 빼꼼 내밀고 나오는 거래. 그래서 '오다'래.

지호 : 완전 웃긴데. 그럼 뒤에 숨어있다가 나오는거야?

엄마 : 어 숨어있다가 나오는 거라 작게 그린 건가 봐.

지호 : 와… 생각지도 못했네.

엄마 : 더 재밌는 거 알려줄게. 여기 있는 한자가 다 아담과 하와 이야기로 다 해석할 수 있다.

지호 : 뭐? 전부다?

唊(망령되이 말하다 겹) 口 + 人 + 人 + 大

엄마 : 그럼 이 한자 좀 볼까?

지호 : 망령되이 말하다 겹(唊)?

엄마 : 여기도 사람 인(人)이 2개나 들어가네. 이거 누굴까?

지호 : 아담과 하와겠지.

엄마 : 맞아 아담과 하와 이야기야.

지호 : 근데 여기 올래(來)잖아.

엄마 : 지호야, 이거 나무 목이 아니라 클 대(大)자야.

지호 : 아 헷갈렸다.

엄마 : 입구 자가 있잖아. 이건 두 사람이 말하는 거야 누구에게

말해?

지호 : 아 잠깐만.. 두 사람이 큰 사람에게 말하다?

엄마 : 맞아, 두 사람이 큰 사람에게 말하는 거 맞아. 근데 왜 망령 되어 말한다는 뜻일까?

지호 : 아! "애 때문이예요", "하와가 그랬어요"라고 말해서?

엄마 : 맞어 "하와가 그랬어요", "뱀이 그랬어요" 하고 하느님께 말하는 모습을 망령 되이 말하다라고 한 거야.

지호 : 우와. 진짜 재밌다. 완전 신기한 데.

安(편안할 안) 宀 (집면) + 女

案(사건, 안건, 책상 안) 宀 (집면) + 女 + 木

엄마 : 그럼 다음 이것 좀 볼까?

지호 : 편안할 안? 집 면? 여자가 집에 있네.

엄마 : 여자가 집안에 있으면.

지호 : 여자가 집에 있으면 편안하다.

엄마 : 그럼 그 다음 한자 볼까?

지호 : 사건 안, 책상 안? 어~~~~ 이거 내가 생각했을 때는 宀에 木 있으니까 여자가 집을 나무로 만들었다? 이런 뜻.

엄마 : 이 뜻이 사건 안, 책상 안이거든. 여자가 나무 목 위에 있어. 근데 사건 이래 이 뜻이.

지호 : 여자가 나무에 올라 가다란 뜻?

아이의 생각이 쑥쑥 자라는 **하브루타 부모 교육**

엄마 : 그래 여자가 나무에 올라갔지. 어느 나무에 올라갔어?

지호 : 선악과 나무?

엄마 : 맞아. 여자가 선악과나무에 올라가서 선악과를 따먹었지.
　　　그리고 어떻게 됐지?

지호 : 에덴동산에서 쫓겨났지.

엄마 : 그래 여자가 선악과나무에 올라가서 에덴동산에서 쫓겨나
　　　는 사건이 생겼잖아. 그래서 사건 안이야.

지호 : 근데 책상 안은 좀 이해가 안 되는데.

엄마 : 이 한자가 오래되어서 뜻이 여러 가지 뜻으로 나중에 많이
　　　쓰이는데 책상 안으로도 쓰이는 거야.

楚(아프다, 괴롭다, 회초리 초) 木 + 木 + 疋(짝 필)

지호 : 나무 목에 짝필?

엄마 : 짝 필은 배우자를 얘기하는 거야. 배필 그러니까 남자의 짝
　　　은 여자, 아담의 짝은 하와가 되는 거지. 그 짝 필자야.

지호 : 아, 그럼 짝이 나무를 쥐고 있는 모습.

엄마 : 어 맞아. 그렇게 해석해도 되겠다. 나무를 쥐고 있으니까 회
　　　초리도 될 수 있겠네. 와, 지호 예리하다.

지호 : 나 상상력 풍부하지.

엄마 : 어 대단한 거 같아……. 여기도 나무가 두 개가 있네.

지호 : 어 그럼 선악과겠네?

엄마 : 그리고 짝 필이 있네.

지호 : 아, 그럼 하와가 선악과를 먹어서 괴로워하다?

엄마 : 와우 맞아! 대박인데.

지호 : 하와가 선악과를 먹어서 짝 베필이 괴로워한다는 뜻 아니
냐고.

엄마 : 근데 선악과를 먹고 당장은 아무런 변화가 없었어.

지호 : 그런데 쫓겨났잖아.

엄마 : 맞아 맞아.

지호 : 쫓겨나서 괴로웠던 거지.

엄마 : 맞아. 그런데 또 아담 입장에서 생각해보자. 아담 입장에서
누구 때문에 쫓겨났지?

지호 : 하와.

엄마 : 그래. 아담 입장에서 그럼 나무하고 하와만 보면 뭐가 생
각나?

지호 : 그야 에덴동산이겠지.

엄마 : 그래, 에덴동산에서 쫓겨난 게 생각이 나겠지?

지호 : 아……. 그래서 괴롭다? 와 이거 너무 웃긴데, 정말 웃겨.

아이의 생각이 쑥쑥 자라는 **하브루타 부모 교육**